CAN DO! Learn 3ds Max 2014+VRay 2.4 the right way

3ds Max 2014+VRay 2.4

铂金精粹版

超值全彩

U0226082

3ds Max²⁰¹⁴ + VRay²·⁴

中文版 从入门到精通

❧ 李有生　张迎甫　冯中强　郭克景　王春霞/主　编

❧ 荣琪明　曾维佳　许楚君　谢志杰/副主编

中国青年出版社
CHINA YOUTH PRESS　中青雄狮

图书在版编目（CIP）数据

3ds Max 2014+VRay 2.4 从入门到精通：铂金精粹版 / 李有生等主编 .
— 北京：中国青年出版社，2014.6
ISBN 978-7-5153-2390-9
I. ① 3… II. ①李 … III. ①建筑设计－计算机辅助设计－三维动画软件 IV. ① TU201.4
中国版本图书馆 CIP 数据核字（2014）第 079683 号

3ds Max 2014+VRay 2.4从入门到精通（铂金精粹版）

李有生　张迎甫　冯中强　郭克景　王春霞 / 主　编
荣琪明　曾维佳　许楚君　谢志杰 / 副主编

出版发行：中国青年出版社
地　　址：北京市东四十二条 21 号
邮政编码：100708
电　　话：（010）59521188 / 59521189
传　　真：（010）59521111
企　　划：北京中青雄狮数码传媒科技有限公司
策划编辑：张　鹏
责任编辑：张　军
封面制作：六面体书籍设计　孙素锦

印　　刷：北京时尚印佳彩色印刷有限公司
开　　本：787×1092　1/16
印　　张：14.25
版　　次：2014 年 6 月北京第 1 版
印　　次：2015 年 2 月第 2 次印刷
书　　号：ISBN 978-7-5153-2390-9
定　　价：69.80 元（附赠 1DVD，含语音视频教学＋案例素材文件）

Preface

前 言

众所周知，3ds Max是一款功能十分强大的三维建模与动画设计软件，利用该软件不仅可以设计出绝大多数建筑模型，还可以制作出效果逼真生动的图片和动画。随着国内建筑行业的迅猛发展，3ds Max的三维建模与效果图制作功能发挥得淋漓尽致。为了帮助读者在短时间内制作出出色的建筑室内效果图，我们组织教学一线的高校教师及室内设计师共同编写了此书。

本书以最新的3ds Max 2014为写作基础，围绕室内效果图的制作展开介绍，以"理论+实例"的形式对3ds Max 2014的知识和VRay渲染器的知识进行了全面的阐述。书中每一个效果图制作案例都给出了详细的操作步骤，同时还贯穿了作者在实际工作中得出的实战技巧和经验。

全书共11章，各章的主要内容如下。

章　节	内　容
Chapter 01	主要讲解了 3ds Max 2014 的应用领域、新增功能、工作界面，以及效果图的制作流程
Chapter 02	主要讲解了 3ds Max 2014 的基本操作，包括文件操作、变换操作、复制操作、捕捉操作、隐藏操作、成组操作等
Chapter 03	主要讲解了建模技术，如基本体／扩展基本体建模、二维转三维建模、放样建模、修改建模等技术
Chapter 04	主要讲解了 3ds Max 摄影机和 VRay 摄影机的知识
Chapter 05	主要讲解了灯光的种类、标准灯光的基本参数、光度学灯光的基本参数、VRay 灯光等知识
Chapter 06	主要讲解了材质的基础知识、材质的类型、贴图等内容
Chapter 07	主要讲解了渲染基础知识、默认渲染器的设置、VRay 渲染器的应用等知识
Chapter 08~11	这几章是综合实例练习，分别介绍了卧室效果图、餐厅效果图、厨房效果图和客厅效果图的制作。通过模仿练习，读者可以更好地掌握前面所学的建模与渲染知识

本书既可作为读者了解3ds Max各项功能和最新特性的应用指南，又可作为提高设计和创新能力的指导。本书适用于以下读者：

- 室内效果图制作人员
- 室内效果图设计人员
- 室内装修、装饰设计人员
- 效果图后期处理技术人员
- 装饰装潢培训班学员与大中专院校相关专业师生

本书内容结构安排合理，讲解通俗易懂，在讲解每一个知识点时均附加以实际应用案例进行说明。正文中还穿插介绍了很多实用的知识点，均以"知识链接"和"专家技巧"栏目体现。第1～7章最后安排有"设计师训练营"和"课后练习"两个栏目，以利读者对前面所学知识加以巩固练习。此外，附赠的光盘中提供了典型案例的教学视频，以供读者模仿学习。

本书在编写和案例制作过程中力求严谨细致，但由于水平和时间有限，疏漏之处在所难免，望广大读者批评指正。作者的联系邮箱是itbook2008@163.com。

作　者

Contents

目 录

Chapter 01

3ds Max与效果图的制作

Chapter 02

3ds Max 2014轻松入门

Chapter 03

建模技术

Chapter 04

摄影机技术

Chapter 05

灯光技术

Chapter 06

材质与贴图技术

Chapter 07

渲染技术

Chapter 08

卧室效果图的制作

Chapter 09

餐厅效果图的制作

Chapter 10

厨房效果图的制作

Chapter

11

Appendix

附 录

客厅效果图的制作

Special Thanks to

谨此，对长期以来一直关注和支持中国青年出版社计算机图书出版的朋友们致以衷心的感谢！

Chapter

01

3ds Max与效果图的制作

3ds Max是一款功能十分强大的三维建模与动画设计软件，利用3ds Max软件不仅可以设计出绝大多数建筑模型，还可以制作出效果逼真生动的图片和动画。本章将从最基础的知识讲起，引领读者认识和了解3ds Max 2014软件，熟悉软件工作界面中各个组成部分及其功能。

重点难点

• 3ds Max 2014概述

• 3ds Max 2014新增功能

• 3ds Max 2014工作界面

• 3ds Max 2014基本设置

3ds Max 概述

3ds Max 是一款优秀的设计类软件，它是利用建立在算法基础之上并高于算法的可视化程序来生成三维模型的。与其他建模软件相比，3ds Max 操作更加简单，更容易上手。因此受到了广大用户的青睐。

01 走进3ds Max的世界

3D Studio Max，简称为3ds Max或MAX，是Discreet公司（后被Autodesk公司收购）开发的基于PC系统的三维动画渲染和制作软件。其前身是基于DOS操作系统的3D Studio系列软件。在Windows NT出现以前，工业级的CG制作被SGI图形工作站所垄断。3D Studio Max + Windows NT组合的出现一下降低了CG制作的门槛，首先开始运用于电脑游戏的动画制作中，其后更进一步开始参与影视特效制作，例如X战警II、最后的武士等。3ds Max建模功能强大，在角色动画方面具备很强的优势，丰富的插件也是其一大亮点。3ds Max可以说是最容易上手的3D软件，和其他相关软件配合流畅，制作出来的效果非常逼真。

1990年Autodesk公司成立多媒体部，推出了第一个动画工作——3D Studio软件。DOS版本的3D Studio诞生在80年代末，那时只要有一台386DX以上的PC机就可以圆一个电脑设计师的梦。

1996年4月，3d Studio Max 1.0 诞生了，这是3D Studio系列的第一个Windows版本。Discreet 3ds Max 7为了满足业内对功能强大而且使用方便的非线性动画工具的需求，集成了获奖的高级人物动作工具套件Character Studio。并且从这个版本开始3ds Max正式支持法线贴图技术。

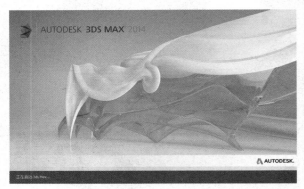

3ds Max在Discreet 3ds Max 7后正式更名为Autodesk 3ds Max，经过多次更新升级，目前最新版本为3ds Max 2014（启动界面如右图所示）。版本越高其功能就越强大，从而帮助3D创作者在更短的时间内创作出更高质量的3D作品。

02 3ds Max的应用领域

3ds Max 是世界上应用最广泛的三维建模、动画、渲染软件，被广泛应用于建筑效果图设计、游戏开发、角色动画、电影电视视觉效果和工程可视化等领域。

1. 室内设计

利用3ds Max软件可以制作出各式各样的3D室内模型，例如沙发模型、客厅模型、餐厅模型、卧室模型等，如下图所示。

2．游戏动画

随着设计与娱乐行业对交互内容的需求日益强烈，3ds Max改变了原有的静帧获得动画的方式，由此逐渐催生了虚拟现实这个行业。3ds Max能为游戏元素创建动画、动作，使这些游戏元素"活"起来，从而为玩家带来身临其镜的视觉感受，如下图所示。

3．建筑动画

3ds Max能够表现建筑的地理位置、外观、内部装修、园林景观、配套设施和其中的人物、动物，模拟自然现象如风雨雷电、日出日落、阴晴圆缺等，将建筑和环境动态地展现在人们面前，如下图所示。

4．影视动画

动画是目前媒体中所能见到的最流行的画面形式之一。随着技术的成熟，3d Max在动画电影中得到日益广泛的应用，3d Max数字技术不可思议地扩展了电影的表现空间和表现能力，创造出人们闻所未闻、见所未见的视听奇观及虚拟现实。《阿凡达》《诸神之战》等热门电影都采用了先进的3D技术，如下图所示。

03 3ds Max 2014新增功能

每年这个时候都会迎来Autodesk一年一度的新版本升级，现在3ds Max 2014如期而至。估计是受到微软的Windows 8风格引领，Autodesk更换了网站风格和产品LOGO，包括Autodesk新LOGO和3ds Max新LOGO，以前的动物园家族形象越来越远去了。

3ds Max 2014除了保留经典的建模、光度学灯光、一般动画等功能外，新增和强化了一些功能，使软件功能更为强大，下面对其进行简单介绍。

1．新增功能

● 贴图支持矢量贴图，放得再大也不会有锯齿了。
● 集群动画功能在之前的版本中就有，在3ds Max 2014中变得异常方便和强大。在场景中可以轻松产生动画交互的人群。
● 增加角色动画、骨骼绑定、变形等。
● 增加透视合成功能，3ds Max 2014采用了SU的相机匹配功能，在相机匹配完成后，直接使用平移、缩放可以连同背景一起操作。
● 支持DirectX 11的着色器视窗实时渲染、景深等功能，优化加速视图操作。

2．增强功能

● 增强粒子流系统- PF mPartical。
● 增强动力学解算MassFX、以及带动力学的粒子流，用来创建水、火和喷雪效果。
● 增强能产生连动效果的毛发功能。
● 增强渲染流程功能，直接渲染分层输出PSD文件。
● 增强多用户布局方式，如果你的电脑可能会有几个人使用，现在可以为每个用户保留不同的快捷键设置和菜单等。
● 增强2D、3D和AE的工作数据交互，以及与MAYA、SOFTIMAGE、MUDBOX等的数据转换整合。
● 增强3ds Max SDK扩展和自定义。

Section 02

3ds Max 2014 工作界面

在学习使用3ds Max 2014制作效果图之前，我们先来了解一下3ds Max 2014的工作界面。3ds Max软件功能强大，工具命令和选项按钮众多，它们均被合理组织在软件的工作界面中。软件启动后会进入工作界面，用户在此基础上开展设计工作。

当完成3ds Max 2014的安装后，我们即可双击其桌面快捷方式图标进行启动，其工作界面如下图所示。它分为标题栏、菜单栏、工具栏、工作视窗、命令面板、状态栏/提示栏（动画面板、窗口控制区、辅助信息栏）等几个部分，下面分别进行介绍。

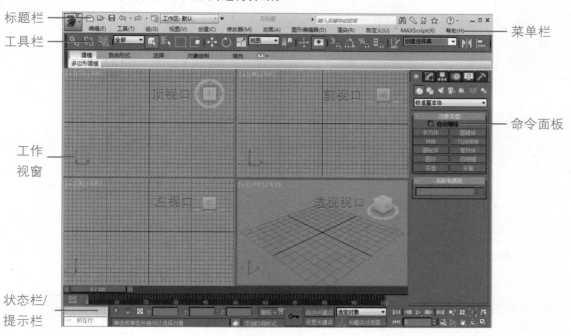

01 菜单栏

菜单栏位于标题栏的下方，为用户提供了几乎所有软件操作命令，其形状和Windows菜单相似。3ds Max 2014的菜单栏中共有十余个菜单，介绍如下。

- **文件（File）**：用于对文件的打开、存储、打印、输入和输出不同格式的其他三维存档格式，以及动画的摘要信息、参数变量等命令的应用。3ds Max可以保存的文件格式为MAX和CHR。
- **编辑（Edit）**：用于对对象的拷贝、删除、选定、临时保存等功能。
- **工具（Tools）**：包括常用的各种制作工具。
- **组（Group）**：用于将多个物体组为一个组，或分解一个组为多个物体。
- **视图（Views）**：用于对视图（视口）进行操作，但对对象不起作用。
- **渲染（Rendering）**：通过某种算法，体现场景的灯光、材质和贴图等效果。
- **Civil View**：访问方便有效、有利于提高工作效率的视口。比如，你要制作一个人体动画，你就可以在这个视口中很好地组织身体的各个部分，轻松选择其中一部分进行修改。这是新增的功能，有点难以理解，如果读者选择专门介绍3ds Max动画制作的书籍学习，会详细地学到它。

- **自定义（Customize）**：方便用户按照自己的爱好设置工作界面。3ds Max 2014的工具栏、菜单栏、命令面板可以被放置在任意的位置，如果你厌烦了以前的工作界面，可以自己定制一个工作界面保存起来，软件下次启动时就会自动加载。
- **MAXScript**：有关编程的命令。将编好的程序放入3ds Max 2014中来运行。
- **帮助（Help）**：关于软件的帮助文件，包括在线帮助和插件信息等。

关于上述菜单的具体使用方法，我们将在后续章节中逐一详细介绍。

知识链接 关于菜单栏的说明

当打开某一个菜单后，若菜单中有些命令名称旁边有"..."号，即表示单击该命令将弹出一个对话框。

若菜单中的命令名称右侧有一个小三角形，即表示该命令后还有其他的命令，单击它可以弹出一个级联菜单。

若菜单中命令名称的一侧显示为字母，该字母即为该命令的快捷键有些需与键盘上的功能键配合使用。

---

02 工具栏

工具栏位于菜单栏的下方，它集合了软件中所有常用的工具。下面对工具栏中各个工具的含义进行介绍，如下表所示。

序　号	名　称	图　标	功能描述
01	选择并链接		用于将不同的物体进行链接
02	断开当前选择链接		用于将链接的物体断开
03	绑定到空间扭曲		用于粒子系统上，把空间对象绑定绑到粒子上，这样才能产生作用
04	选择对象		用于对场景中的物体进行选择，无法对物体进行操作
05	按名称选择		单击后弹出"从场景选择"对话框，在其中输入名称可以容易地找到相应的物体，方便操作
06	区域选择		包含矩形选择等5种选择类型，按住鼠标左键拖动来进行选择
07	窗口/交叉		设置选择物体时的选择类型方式
08	选择并移动		对选择的物体进行移动操作
09	选择并旋转		选择的物体进行旋转操作
10	选择并均匀缩放		对选择的物体进行等比例的缩放操作
11	使用轴心对称		选择了多个物体时可以通过此命令来设定轴中心点坐标的不同类型
12	选择并操纵		针对用户设置的特殊参数（如滑杆等参数）进行操纵使用

序　号	名　称	图标	功能描述
13	捕捉开关		可以使用户在操作时进行捕捉创建或修改
14	角度捕捉切换		确定多数功能的旋转增量，设置的增量围绕指定轴旋转
15	百分比捕捉切换		通过指定百分比增加对象的缩放
16	微调器捕捉切换		设置所有微调器的单次单击所增加或减少的值
17	镜像		对选择的物体进行镜像操作，如复制、关联复制等
18	对齐		方便用户对物体进行对齐操作
19	层管理器		对场景中的物体进行分类，即将物体放在不同的层中进行操作，以便管理
20	切换功能区		石墨建模工具
21	曲线编辑器		用户对动画信息最直接的操作编辑窗口，在其中可以调节动画的运动方式，编辑动画的起始时间等
22	图解视图		设置场景中元素的显示方式等
23	材质编辑器		对物体进行材质的赋予和编辑
24	渲染设置		调节渲染参数
25	渲染帧窗口		对场景进行渲染
26	渲染产品		制作完毕后渲染输出，查看效果

03　命令面板

　　命令面板位于工作视窗的右侧，包括创建命令面板、修改命令面板、层次命令面板、运动命令面板、显示命令面板和实用程序命令面板（如下表所示），用户通过它可以访问绝大部分建模和动画命令。

创建命令面板	修改命令面板	层次命令面板	运动命令面板	显示命令面板	实用程序命令面板

- 创建命令面板

创建命令面板用于创建对象，这是在3ds Max中构建新场景的第一步。创建命令面板将所创建对象种类分为7个类别，分别是：几何体、图形、灯光、摄影机、辅助对象、空间扭曲、系统。

- 修改命令面板

创建对象的同时系统会为每一个对象指定一组创建参数，该参数根据对象类型定义其几何和其他特性。可以根据需要在修改命令面板中更改这些参数。还可以在"修改器列表"中为对象应用各种修改器。

- 层次命令面板

通过层次命令面板可以访问用来调整对象间链接的工具。通过将一个对象与另一个对象相链接，可以创建父子关系，应用到父对象的变换同时将传递给子对象。通过将多个对象同时链接到父对象和子对象，可以创建复杂的层次。

- 运动命令面板

运动命令面板用于设置各个对象的运动方式和轨迹，以及高级动画设置。

- 显示命令面板

通过显示命令面板可以访问场景中控制对象显示方式的工具。可以隐藏和取消隐藏、冻结和解冻对象、改变其显示特性、加速视口显示及简化建模步骤。

- 实用程序命令面板

通过实用程序命令面板可以访问3ds Max自带的各种小型程序，并可以编辑各个插件，它是3ds Max系统与用户之间对话的桥梁。

04　状态栏和提示栏

提示栏和状态栏分别用于显示关于场景和活动命令的提示和信息，也包含控制选择和精度以及显示属性的切换按钮。

提示栏和状态栏可以细分成动画控制栏、时间滑块/关键帧状态、辅助信息、位置显示栏、视口导航栏，如下图所示。

时间滑块/
关键帧状态

辅助信息　　　　　位置显示栏　　　　　动画控制栏　　　视口导航栏

其中：

- **时间滑块/关键帧状态和动画控制栏**：用于访问制作动画的基本设置和操作工具。
- **位置显示栏**：用于显示坐标参数等基本数据。
- **视口导航栏**：默认包含8个按钮，是控制图形、图像可视化方式的工作区域，如下页顶部表格所示。

序 号	名 称	图 标	功能描述
01	缩放		当在透视视口或正交视口中进行拖动时，单击此按钮可调整视口放大值
02	缩放所有视图		按住鼠标左键在4个视口的任意一个视口中拖动可以看到4个视图同时缩放
03	最大化显示		在编辑时可能会有很多物体，当用户要对单个物体进行观察操作时，可以使用此按钮将其最大化显示
04	所有视图最大化显示		选择物体后单击此按钮，可以看到4个视图同时放大化显示的效果
05	视野		调整视口中可见场景数量和透视张角量
06	平移视图		沿着平行于视口的方向移动摄影机
07	环绕		使用视口中心作为旋转的中心。如果对象靠近视口边缘，则可能会旋转出视口
08	最大化视口切换		可在其正常大小和全屏大小之间进行切换

05　视口

　　3ds max工作界面的最大一块区域被分割成4个相等的矩形区域，称之为视口（Viewports）或者视图（Views）。

1. 视口的组成

　　视口是最主要的工作区域，每个视口的左上角都有一个标签，启动3ds Max后4个视口默认的标签是Top（顶视口）、Front（前视口）、Left（左视口）和Perspective（透视视口）。

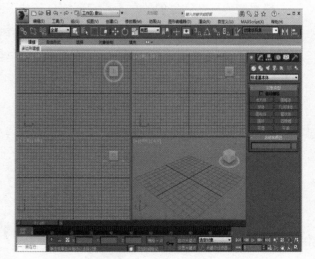

　　每个视口都包含垂直和水平线，这些线组成了3ds Max的栅格。主栅格包含一条黑色垂直线和一条黑色水平线，这两条线在三维空间的中心相交，交点的坐标是X=0、Y=0和Z=0。其余栅格都为灰色显示。

　　顶视口、前视口和左视口显示的场景没有透视效果，这就意味着在这些视口中同一方向的栅格线总是平行的，不能相交。透视视口类似于人的眼睛和摄影机观察时看到的效果，透视视口中的栅格线是可以相交的，如右图所示。

2. 视口的改变

　　默认情况下为4个视口。当我们按改变视口的快捷键时，所对应的视口就会变为我们所想改变的视口。下面我们来玩一下改变视口的游戏。首先我们使用光标激活一个视口，按下 B 键，这个视图就变为底视图，可以观察物体的底面。用光标对着一个视口，然后按以下快捷键，观察一下视口的变化。

T＝顶视图（Top）　　　　　　　　B＝底视图（Bottom）

L＝左视图（Left）　　　　　　　　R＝右视图（Right）

U＝用户视图（User）　　　　　　　F＝前视图（Front）

K＝后视图（Back）　　　　　　　　C＝摄影机视图（Camera）

Shift键加$键＝灯光视图　　　　　　W＝满屏视图

或者在每个视口左上角的标签上右击，将会弹出一个快捷菜单，在那里也可以更改该视口的视图显示方式。记住快捷键是提高效率的很好手段！

专家技巧　　恢复原始工作界面

如果工作界面被其他用户调整得面目全非，不必担心，只需执行"自定义>加载自定义用户界面方案"命令，在出现的对话框中选择Default UI文件并单击"打开"按钮，即可恢复原始的工作界面。

Section 03 效果图制作流程

经过长期发展，效果图制作行业已经非常成熟，无论是室内效果图还是室外效果图都有模式化的操作流程，这也是这一行业中能够细分出专业的建模师、渲染师、灯光师、后期制作师等岗位的原因之一。对于每一个效果图制作人员而言，遵循正确的流程能够保证效果图的制作效率和质量。

要想制作一套完整的效果图，需要结合多种不同的软件，采用清晰的制图步骤。效果图制作流程通常分为以下6步。其中，建模、灯光和材质是效果图制作的三大要素。

Step 01 3ds Max基础建模，利用CAD图纸和3d Max的命令创建出符合要求的三维模型。

Step 02 在场景中创建摄影机，确定合适的角度。

Step 03 设置场景灯光。

Step 04 为场景中各模型指定材质。

Step 05 调整渲染参数，渲染出图。

Step 06 在Photoshop中对图片进行后期加工和处理，使效果图更加完善。

设计师训练营 轻松调整用户界面颜色

3d Max 2014默认的界面颜色是黑色，但是大多数用户习惯用灰色界面。界面颜色的设置很简单，具体步骤如下。

Step 01 打开3d Max 2014，执行"自定义＞自定义用户界面"命令，如下页顶部左图所示。

Step 02 开启"自定义用户界面"对话框，如下页顶部右图所示。

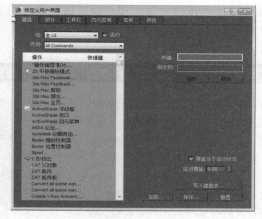

Step 03 单击 颜色 标签切换到"颜色"选项卡，在"元素"下拉列表中选择"视口"选项，在其对应的列表区域中选择"视口背景"选项，如下左图所示。

Step 04 随后单击"颜色"选项，将弹出"颜色选择器"对话框，从中调节视口颜色，滑块由黑向白滑动，调成灰白色即可，调好后单击"确定"按钮，如下右图所示。

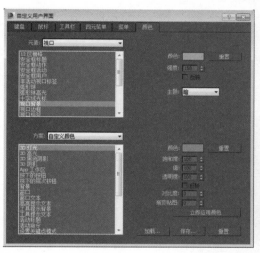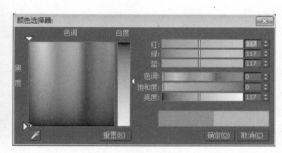

Step 05 返回上一对话框后单击"立即应用颜色"按钮，如下左图所示。

Step 06 返回工作界面，即可发现视口背景的颜色已经发生变化，如下右图所示。

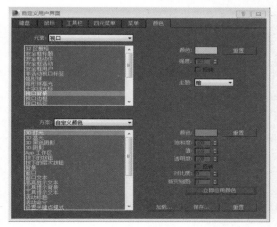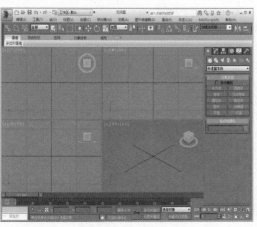

按照上述的操作方法，用户还可以将工作界面、窗口文本、冻结等颜色进行调整，这里不再赘述，大家可以自行体验。

🔄 **知识链接**　　"自定义用户界面"对话框"颜色"选项卡中部分选项的介绍

元素：显示下拉列表，通过该列表可以从各种高级分组中选择角色、几何体、Gizmos、视口以及其他元素。

UI 元素列表：显示活动类别中可用元素的列表。

颜色：显示选定类别的元素的颜色。单击颜色色块可以打开"颜色选择器"对话框，在其中可以更改颜色。选择新的颜色后，单击"立即应用颜色"按钮以在界面中进行更改。

重置：将突出显示的元素颜色重置为打开对话框时的活动值。

强度：设置栅格线显示的灰度值。0 为黑色，255 为白色。

反转：反转栅格线显示的灰度值。深灰色会变成浅灰色，反之亦然。此控件仅当从"栅格"元素的UI元素列表中选择"按强度设置"选项时才可用。

方案：可以选择是将主 UI 颜色设置为 Windows 默认颜色还是自定义主 UI 颜色。如果"使用标准 Windows 颜色"处于活动状态，则其下方的UI 外观列表中所有元素将都被禁用，并且不能自定义 UI 的颜色。

UI 外观列表：显示用户界面中可以更改的所有元素。

1. 选择题

（1）3ds Max 默认的界面设置文件是（　　）。

    A. Default.ui   B. DefaultUI.ui

    C. 1.ui   D. 以上说法都不正确

（2）3ds Max 大部分命令都集中在（　　）中。

    A. 标题栏   B. 菜单栏

    C. 工具栏   D. 视口

（3）在 3ds Max 中，可以用来切换场景显示角度的是（　　）。

    A. 视口   B. 工具栏

    C. 命令面板   D. 标题栏

（4）3ds Max "文件＞保存" 命令可以保存的文件类型是（　　）。

    A. MAX   B. DXF

    B. DWG   D. 3DS

2. 填空题

（1）3ds Max 中提供了 3 种复制方式，分别是_____，_____，_____。

（2）变换线框使用不同的颜色代表不同的坐标轴：红色代表_____轴、绿色代表_____轴、蓝色代表_____轴。

（3）3ds Max 的三大要素是_____、_____、_____。

（4）在 3ds Max 中，不管使用何种规格输出，宽度和高度的尺寸单位均为_____。

（5）3ds Max 的工作界面主要由标题栏、_____、命令面板、_____，工作视窗、状态栏和提示栏等组成。

3. 上机题

根据本章所讲知识，分别将工作界面和视口背景调整为蓝色，如下图所示。

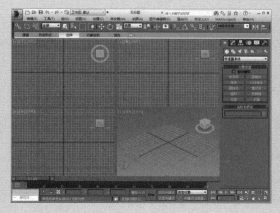

Chapter 02

3ds Max 2014 轻松入门

在学习了3ds Max 2014的基础知识后，本章我们来学习常见的基本操作，包括移动、复制、捕捉、对齐、镜像、隐藏等。通过对这些知识的学习，读者可以快速掌握3ds Max 2014软件，以为后续的三维建模和效果图制作奠定良好的基础。

重点难点

- 3ds Max 2014软件的自定义设置
- 变换、复制操作
- 捕捉、对齐、镜像操作
- 隐藏、冻结、成组操作
- 单位设置和快捷键设置

Section
01
个性化工作界面

本节将对如何自定义视口布局和视口显示模式进行详细介绍，从而使用户能够根据自己的操作习惯设置个性化的工作界面。

01 视口布局

执行"视图>视口配置"命令，开启"视口配置"对话框。在该对话框的"布局"选项卡中可以指定视口的划分方式，并向每个视口分配特定类型的视口，如右图所示。

"布局"选项卡中，顶部是代表可能划分方法的图标，下面显示的是当前所选布局的样式。单击图标选择划分方法后，下面随即显示对应的视口布局样式。要指定特定视口，只需要在布局样式区域中单击视口，从弹出菜单中选择视口类型。

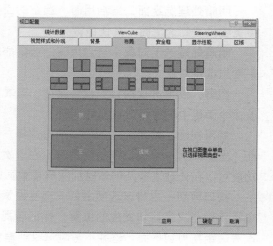

02 视口显示模式

执行"视图>视口配置"命令，打开"视口配置"对话框，然后切换到"视觉样式和外观"选项卡，如右图所示，从中即可设置当前视口或所有视口的渲染方式。

在"渲染级别"下拉菜单中共有15种不同的着色渲染对象的方式。下面对几种主要方式及选项卡中其他内容进行详细讲解。

真实：使用真实平滑着色渲染对象，并显示反射、高光和阴影。要在"真实"和"线框"间快速切换，可以按F3键。

明暗处理：只有高光和反射。

面：将多边形作为平面进行渲染，但是不使用平滑或高亮显示进行着色。

隐藏线：线框方式隐藏法线指向偏离视口的面和顶点，以及被附近对象模糊的对象的任一部分。只有在这一方式下，线框颜色由"视口 >隐藏线未选定颜色"命令决定，而不是对象或材质颜色。

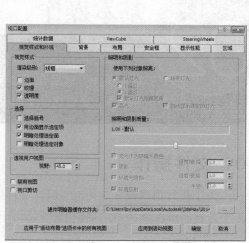

线框 ：将对象绘制作为线框，并不应用着色。 要在"线框"和"真实"间快速切换，可以按F3键。

边界框：将对象绘制作为边界框，并不应用着色。边界框的定义是将对象完全封闭的最小框。

边面：只有在当前视口处于着色模式时（如平滑、平滑+高光、面+高光或边面）才可以使用该选项。在这些模式下启用"边面"之后，将沿着着色曲面出现对象的线框边缘。这对于在着色显示中编辑网格非常有用。按 F4 键可切换"边面"显示。

纹理：使用像素插值重画视口（更正透视）。当由于一些原因，要强制视口进行重画之前，重画的图像将保持不变。仅当对视口进行着色，并且至少显示一个对象贴图时，此选项才有效。

透明度：已指定透明度的对象使用双通道透明效果进行显示。

用边面显示选定项：当视口处于着色模式时（如真实、面），切换选定对象高亮显示边的显示。在这些模式下启用该选项之后，将沿着着色曲面出现选定对象的线框边缘，对于选择小对象或多个对象时非常有用。

明暗处理选定面：当启用时，选定的面接口会显示为红色的半透明状态。这使得在明暗处理视口中更容易看到选定面，其快捷键为 F2。

明暗处理选定对象：当启用时，选定的对象会显示为红色的半透明状态。在明暗处理视口中更容易看到选定对象。

视野：设置透视视口的视野角度。当其他任何视口处于活动状态时，此微调器不可用。可以在修改命令面板中调整摄影机视野。

禁用视图：禁用"应用于"视口选择。禁用视口的行为与其他任何处于活动状态的视口一样。然而，当更改另一个视口中的场景时，在下次激活"禁用视图"选项之前不会更改其中的视口。使用此功能可以在处理复杂几何体时加速屏幕重画速度。

视口剪切：启用该选项之后，交互设置视口显示的近距离范围和远距离范围。位于视口边缘的两个箭头用于决定剪切发生的位置。标记与视口的范围相对应，下标记设置近距离剪切平面，而上标记设置远距离剪切平面。这并不影响渲染到输出，只影响视口显示。

默认灯光：启用此选项可使用默认照明。禁用此选项可使用在场景中创建的照明。如果场景中没有照明，则将自动使用默认照明，即使此选项已禁用也是如此，默认设置为启用。

场景灯光：场景中有照明，则将不会自动使用默认照明，而使用在场景中创建的照明。

基本操作

Section 02

本节将介绍3d Max 2014的基本操作，首先会介绍文件的打开、重置、保存等基本操作，然后介绍如何进行变换、复制、捕捉、对齐、镜像、隐藏、冻结成组等操作。通过这一节的讲解用户将更加熟悉和了解3d Max 2014。

01 文件操作

为了更好地掌握并应用3ds Max 2014，在此首先介绍关于文件的操作方法。在3d Max 2014中，关于文件的基本操作命令都集中在以3D图标显示的"文件"菜单中，如下页图所示。

1. 新建

执行"3ds Max■＞新建"命令，在其右侧区域中将出现3种新建方式，分别介绍如下。

- **新建全部**：该命令可以清除当前场景的内容，保留系统设置，如视口配置、捕捉设置、材质编辑器、背景图像等。

- **保留对象**：用新场景刷新3d Max，并保留进程设置及对象。
- **保留对象和层次**：用新场景刷新3d Max，并保留进程设置、对象及层次。

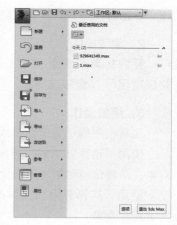

2．重置

执行"3ds Max■＞重置"命令重置场景。使用"重置"命令可以清除所有数据并重置程序设置（如视口配置、捕捉设置、材质编辑器、背景图像等）。重置可以还原默认设置，并且可以移除当前会话期间所做的任何自定义设置。使用"重置"命令的效果与退出并重新启动 3ds Max的效果相同。

3．打开

执行"3ds Max■＞打开"命令，在3ds Max 2014中的打开方式包括以下两种：
- **打开**：单击"打开"命令，将弹出"打开文件"对话框，从中用户可以任意加载场景文件（MAX文件）、角色文件（CHR 文件）或 VIZ 渲染文件（DRF文件）。
- **从Vault中打开**：打开存储于Vault中现有的3ds Max文件。

4．保存

执行"3ds Max■＞保存"命令保存场景。第一次执行"文件＞保存"命令将开启"文件另存为"对话框，可以通过此对话框为文件命名、指定存储路径，使用"保存"命令可通过覆盖上次保存的场景更新当前的场景。

5．另存为

执行 "3ds Max■＞另存为"命令，可在4种另存为模式之中选择：
- **另存为**：为文件指定不同的路径和文件名，采用 MAX 或 CHR 格式保存当前的3ds Max文件。
- **保存副本为**：以新名称保存当前的3ds Max文件。
- **保存选定对象**：以新名称保存当前选定对象。
- **归档**：压缩当前3ds Max文件和所有相关资料到一个文件夹。

🔄 知识链接 关于常见文件类型的介绍

①MAX 文件是完整的场景文件。
②CHR 文件是用"保存类型"为"3ds Max角色"功能保存的角色文件。
③DRF 文件是 VIZ Render 中的场景文件，VIZ Render 是包含在 AutoCAD软件中的一款渲染工具。该文件类型类似于 Autodesk VIZ 先前版本中的 MAX 文件。

---

02 变换操作

移动、旋转和缩放操作统称为变换操作，是使用最为频繁的操作。若需要更改对象的位置、方向或比例，可以单击工具栏中的 3个变换按钮之一，或从快捷菜单中选择变换。使用鼠标、状态栏的坐标显示字段、输入对话框或上述任意组合，可以将变换应用到选定对象。

1．移动操作

要移动单个对象，当工具栏中的"选择并移动"按钮处于活动状态时，单击对象进行选择，当轴线变黄色时，按轴的方向拖动鼠标以移动该对象。

2．旋转操作

要旋转单个对象，当工具栏中的"选择并旋转"按钮处于活动状态时，单击对象进行选择，并拖动鼠标以旋转该对象。

3．缩放操作

工具栏中的"选择并缩放"弹出按钮提供了对用于更改对象大小的3种工具的访问。

使用"选择并缩放"弹出按钮上的"选择并均匀缩放"按钮，可以沿所有3个轴以相同增量缩放对象，同时保持对象的原始比例。

使用"选择并缩放"弹出按钮上的"选择并非均匀缩放"按钮，可以根据活动轴约束以非均匀方式缩放对象。

使用"选择并缩放"弹出按钮上的"选择并挤压"工具，可以根据活动轴约束来缩放对象。挤压对象势必牵涉到在一个轴上按比例缩小，同时在另两个轴上均匀地按比例增大（反之亦然）。

03 复制操作

3ds Max提供了多种复制方式，可以快速创建一个或多个选定对象的多个副本，下面介绍多种复制操作的方法。

1．变换复制

在场景中选择需要复制的对象，按 Shift键的同时使用变换操作工具"移动"、"旋转"或"缩放"选择对象，开启如下左图所示的对话框。使用这种方法能够设定复制的方法和复制对象的个数。

2．克隆复制

在场景中选择需要复制的对象，执行"编辑＞克隆"命令直接进行克隆复制，开启如下右图所示的对话框。使用这种方法一次只能复制一个选择对象。

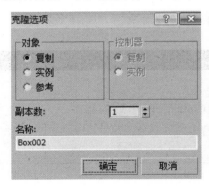 

3．阵列复制

执行"工具＞阵列"命令，弹出"阵列"对话框，如下页图所示。

使用该对话框可以基于当前选择对象创建阵列复制。该阵列对话框中各选项的含义介绍如下。

（1）"阵列变换"选项组

"增量"选项用于指定使用哪种变换组合来创建阵列，还可以为每个变换指定沿3个轴方向的范围。在每个对象之间，可以按"增量"指定变换范围；对于所有对象，可以按"总计"指定变换范围。在任何一种情况下，都测量对象轴点之间的距离。使用当前变换设置可以生成阵列，因此该组标题会随变换设置的更改而改变。

单击"移动"、"旋转"或"缩放"左侧或右侧的箭头按钮，将指示是否要设置"增量"或"总计"阵列参数。

- **移动**：指定沿 X、Y 和 Z 轴方向每个阵列对象之间的距离（以单位计）。
- **旋转**：指定陈列中每个对象围绕3个轴中的任一轴旋转的度数（以度计）。
- **缩放**：指定阵列中每个对象沿3个轴中的任一轴缩放的百分比（以百分比计）。
- **单位**：指定沿3个轴中每个轴的方向，所得阵列中两个外部对象轴点之间的总距离。例如，如果要为6个对象编排阵列，并将"移动 X""总计"设置为100，则这6 个对象将按以下方式排列在一行中：行中两个外部对象轴点之间的距离为100个单位。
- **度**：指定沿3个轴中的每个轴应用于对象的旋转的总度数。例如，可以使用此方法创建旋转总度数为360 度的阵列。
- **百分比**：指定对象沿3个轴中的每个轴缩放的总百分比。
- **重新定向**：将生成的对象围绕世界坐标旋转的同时围绕局部坐标轴旋转。当不勾选此复选框时，对象会保持其原始方向。
- **均匀**：禁用Y 和 Z 微调器，并将 X 值应用于所有轴，从而形成均匀缩放。

（2）"对象类型"选项组
- **复制**：将选定对象的副本排列到指定位置。
- **实例**：将选定对象的实例排列到指定位置。
- **参考**：将选定对象的参考排列到指定位置。

（3）"阵列维度"选项组
用于添加到阵列变换维数。附加维数只是定位用的，未使用旋转和缩放。
- **1D**：根据"阵列变换"选项组中的设置，创建一维阵列。
- **数量**：指定在阵列的该维中对象的总数。对于 1D 阵列，此值即为阵列中的对象总数。
- **2D**：创建二维阵列。
- **数量**：指定在阵列的该维中对象的总数。
- **增量行偏移**：指定沿阵列二维的每个轴方向的增量偏移距离。
- **3D**：创建三维阵列。
- **数量**：指定在阵列的该维中对象的总数。
- **增量行偏移**：指定沿阵列三维的每个轴方向的增量偏移距离。

（4）**阵列中的总数**：显示将创建阵列操作的实体总数，包含当前选定对象。如果排列了选择集，则对象的总数是此值乘以选择集的对象数的结果。

（5）"预览"选项组
- **预览**：切换当前阵列设置的视口预览，更改设置将立即更新视口。如果想加速拥有大量复杂对象阵列的反馈速度，则启用"显示为外框"选项。
- **显示为外框**：将阵列预览对象显示为边界框而不是几何体。

（6）**重置所有参数**：将所有参数重置为其默认设置。

04 捕捉操作

捕捉操作能够捕捉处于活动状态位置的3D空间的控制范围，可以用于激活不同的捕捉类型。与捕捉操作相关的工具按钮包括捕捉开关、角度捕捉、百分比捕捉、微调器捕捉切换。现分别介绍如下。

1．捕捉开关 3° 2° 2°

这3个按钮代表了3种捕捉模式，提供捕捉处于活动状态位置的3D空间的控制范围。右击任意一个按钮开启的"栅格和捕捉设置"对话框中有很多捕捉类型可用。

2．角度捕捉 △

用于切换确定多数功能的增量旋转，包括标准旋转变换。随着旋转对象或对象组，对象以设置的增量围绕指定轴旋转。

3．百分比捕捉 ▨

用于切换通过指定的百分比增加对象的缩放。

4．微调器捕捉切换 ▨

用于设置 3ds Max 2014 中所有微调器的单次单击所增加或减少的值。

当按下捕捉按钮后，可以捕捉栅格、切换、中点、轴点、面中心和其他选项。

右击工具栏的空白区域，在弹出的快捷菜单中选择"捕捉"命令可以开启"栅格和捕捉设置"对话框，如右图所示。可以使用"捕捉"选项卡的这些复选框启用捕捉设置的任何组合。

05 对齐操作

对齐操作可以将当前选择与目标选择进行对齐，这个功能在建模时使用频繁，希望读者能够熟练掌握。

工具栏中的"对齐"弹出按钮提供了对用于对齐对象的 6 种不同工具的访问。按从上到下的顺序，这些工具依次为对齐、快速对齐、法线对齐、放置高光、对齐摄影机、对齐到视口。

首先在视口中选择源对象，接着在工具栏中单击"对齐"按钮，将光标定位到目标对象上并单击，在开启的对话框中设置对齐参数并完成对齐操作，如右图所示。

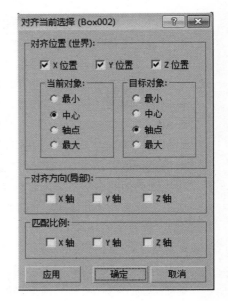

06 镜像操作

在视口中选择任一对象，在工具栏中单击"镜像"按钮将打开"镜像"对话框。在该对话框中设置镜像参数，然后单击"确定"按钮完成镜像操作。开启的"镜像"对话框如右图所示。

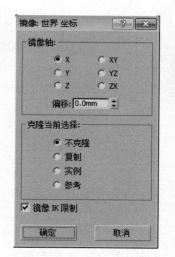

- **"镜像轴"选项组**：镜像轴选择为X、Y、Z、XY、YZ和ZX。选择其一可指定镜像的方向。这些选项等同于"轴约束"工具栏中的选项按钮。
- **偏移**：指定镜像对象轴点距原始对象轴点之间的距离。
- **"克隆当前选择"选项组**：确定由"镜像"功能创建的副本的类型。默认设置为"不克隆"。
- **不克隆**：在不制作副本的情况下，镜像选定对象。
- **复制**：将选定对象的副本镜像到指定位置。
- **实例**：将选定对象的实例镜像到指定位置。
- **参考**：将选定对象的参考镜像到指定位置。
- **镜像 IK 限制**：当围绕一个轴镜像几何体时，会导致镜像 IK 约束（与几何体一起镜像）。如果不希望 IK 约束受"镜像"命令的影响，可禁用此选项。

07 隐藏操作

在建模过程中为了便于操作，常常将部分物体暂时隐藏，在需要的时候再将其显示，以提高界面的操作速度。

在视口中选择需要隐藏的对象并右击，在弹出的快捷菜单中选择"隐藏当前选择"或"隐藏未选择对象"命令，将实现隐藏操作。当不需要隐藏对象时，同样在视口中右击，在弹出的快捷菜单中选择"全部取消隐藏"或"按名称取消隐藏"命令，场景的对象将不再被隐藏。

08 冻结操作

在建模过程中为了便于操作，避免场景中对象的误操作，常常将部分物体暂时冻结，在需要的时候再将其解冻。

在视口中选择需要冻结的对象并右击，在弹出的快捷菜单中选择"冻结当前选择"命令，将实现冻结操作。当不需要冻结对象时，同样在视口中右击，在弹出的快捷菜单中选择"全部解冻"命令，场景中的对象将不再被冻结。

09 成组操作

控制成组操作的命令集中在"组"菜单中，它包含用于将场景中的对象成组和解组的功能，如下页上右图所示。

执行"组>组"命令，可将对象或组的选择集组成为一个组。

执行"组>解组"命令，可将当前组分离为其组件对象或组。

执行"组＞打开"命令，可暂时对组进行解组，并访问组内的对象。

执行"组＞关闭"命令，可重新组合打开的组。

执行"组＞附加"命令，可使选定对象成为现有组的一部分。

执行"组＞分离"命令，可从对象的组中分离选定对象。

执行"组＞炸开"命令，可解组组中的所有对象。它与"解组"命令不同，后者只解组一个层级。

执行"组＞集合"命令，在其级联菜单中提供了用于管理集合的命令。

设计师训练营 自定义绘图环境

在这里，我们将一起练习如何对3ds Max 2014实施个性化设置操作，比如单位设置和快捷键设置。

1. 单位设置

单位是在建模之前必须要设置的要素之一，用于度量场景中的几何体，以使绘制的模型更加精确。设置单位的具体操作过程如下：

Step 01 执行"自定义＞单位设置"命令，如下左图所示，或者按快捷键"Alt+U+U"开启"单位设置"对话框，如下右图所示。

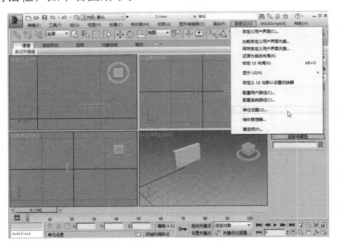 

Step 02 单击"公制"单选按钮，打开"公制"下拉菜单，从中选择"毫米"选项，如下页左1图所示。

Step 03 单击位于最上方的"系统单位设置"按钮，如下页右1图所示。

Step 04 弹出"系统单位设置"对话框，从中将"系统单位比例"设置为"毫米"，如下页左2图所示。

Step 05 设置完成后单击"确定"按钮返回"单位设置"对话框，再次单击"确定"按钮，如下页右2图所示，即可完成设置。

　　除了这些单位之外，软件也将系统单位作为一种内部机制。只有在创建场景或导入无单位的文件之前才可以更改系统单位。不要在现有场景中更改系统单位。

🔄 **知识链接** 认识"单位设置"对话框

　　"单位设置"对话框建立单位显示的方式，通过它可以在通用单位和标准单位（英尺和英寸，还是公制）间进行选择。也可以创建自定义单位，这些自定义单位可以在创建任何对象时使用。

● 系统单位设置：单击以显示"系统单位设置"对话框并更改系统单位比例。

● "显示单位比例"选项组：选择单位比例选项（"公制"、"美国标准"、"自定义"或"通用"）激活设置。

● 公制：选择此选项，然后选择公制单位（"毫米"、"厘米"、"米"、"公里"）。

● 美国标准：选择此选项，然后选择"美国标准"单位。如果选择分数单位，那么将会激活相邻的列表选择分数组件。小数单位不需要其他额外的指定。

● 自定义：填充该输入框可以定义度量的自定义单位。

● 通用单位：这是默认选项（一英寸），它等于软件使用的系统单位。

● "照明单位"选项组：在该选项组中可以选择灯光值是以"美国单位"还是"国际单位"显示。

2．快捷键设置

　　在实际工作与学习中为了提高效率，个性化快捷键的设置将帮助用户在作图时更加得心应手。下面详细讲解快捷键的设置方法。

Step 01 执行"自定义 >自定义用户界面"命令，如下左图所示。

Step 02 开启"自定义用户界面"对话框，单击"键盘"标签，切换到"键盘"选项卡，如下右图所示。

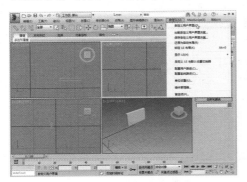

Step 03 从图中可以发现"按名称选择"的快捷键为"H"，如下左图所示。

Step 04 选择"按名称选择"选项，单击"移除"按钮。可以发现"按名称选择"选项将不再有快捷键。如下右图所示。

Step 05 假设将"按名称选择"的快捷键替换成"1（数字1）"，那么在"热键"文本框中输入"1"，如下左图所示。

Step 06 单击"指定"按钮，如下右图所示。可以看出"按名称选择"的快捷键显示为"1"，这样该快捷键的个性化设置就完成了。

　　在"键盘"选项卡中还可以创建很多属于自己的快捷键，也可以为大多数命令指定快捷键。这里不再展开介绍，读者可自行体验。

课后练习

1. 选择题

（1）3ds Max 中默认的对齐快捷键为（　　）。

　　A. W
　　B. Shift+J
　　C. Alt+A
　　D. Ctrl+D

（2）3ds Max 的插件默认安装在（　　）目录下。

　　A. plugins
　　B. plugcfg
　　C. Scripts
　　D. 3ds Max 的安装

（3）在放样的时候，默认情况下截面图形上的哪一点放在路径上（　　）。

　　A. 第一点
　　B. 中心点
　　C. 轴心点
　　D. 最后一点

（4）渲染场景的默认快捷键为（　　）。

　　A. F9
　　B. F10
　　C. Shift+Q
　　D. F11

（5）复制关联物体的选项是（　　）。

　　A. 复制
　　B. 实例
　　C. 参考
　　D. 都不是

2. 填空题

（1）在默认状态下，工作视窗一般由_____个相同的矩形窗格组成，每一个矩形窗格为一个视口。

（2）打开"材质编辑器"窗口的快捷键是_____，打开动画记录的快捷键是_____，锁定 X 轴的快捷键是_____。

（3）3ds Max 设计步骤依次为：_____、建模、_____、材质、_____、_____。

3. 上机题

如何将"按上一次设置渲染"功能的快捷键改为3，如下图所示。

Chapter

03

建模技术

本章将对常见的建模技术进行介绍。其中包括基本体建模、二维图形生成三维模型、放样建模等知识。通过对本章内容的学习，读者可以掌握基本的建模技术与建模技巧，从而为复杂模型的创建打下良好的基础。

重点难点
- 对象的参数设置
- 基本体的创建
- 扩展基本体的创建
- 样条线的创建
- 复合对象的使用方法
- 常见修改器的使用

Section 01 标准基本体

本节将对3ds Max 2014中标准基本体的命令和创建方法进行详细介绍，以帮助用户更快地熟悉了解和使用3ds Max 2014软件创建标准基本体。

首先来认识标准基本体，标准基本体包括：长方体、圆锥体、球体、几何球体、圆柱体、管状体、圆环、四棱锥、茶壶、平面。

在命令面板中单击"创建"  > "几何体" > "标准基本体"

标准基本体 命令即可显示全部基本体，如右图所示。

01 长方体

长方体是3ds Max中的标准几何体之一，通过输入长、宽、高的数值，可以控制长方体的形状，通过增加片段划分可以产生栅格长方体，多用作修改加工的原型物体，如右图所示。

长方体的主要参数介绍如下。

长度/宽度/高度：这3个参数决定了长方体的外形，用来设置长方体的长度、宽度和高度。

长度分段/宽度分段/高度分段：这3个参数用来设置沿着对象每个轴的分段数量。

下面对长方体的创建方法与参数设置操作进行介绍，典型的操作步骤如下。

Step 01 在创建命令面板中单击"几何体"按钮，在"标准基本体"下面单击"长方体"按钮。激活顶视口，拖动鼠标绘制长方体，如下页顶部左图所示。

Step 02 此时光标变换形状，按住鼠标左键在透视视口中拖动绘制出一个矩形。再将光标向上移动，此时长方体的"参数"卷展栏中的参数开始变化，如下页顶部右图所示。

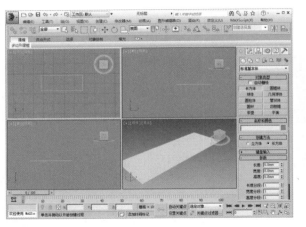 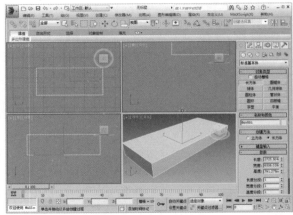

Step 03 向上移动光标到指定高度后释放鼠标左键，创建一个长方体，如下左图所示。

Step 04 在"参数"卷展栏中设置"长度分段"为2、"宽度分段"为3、"高度分段"为4，如下右图所示。

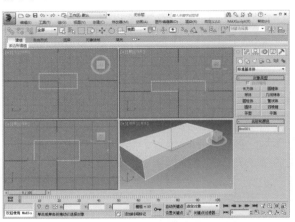 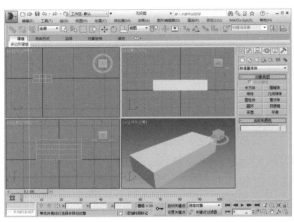

Step 05 在视口左上角的视图名称处右击，在弹出的快捷键菜单中选择"面"命令，如下左图所示。

Step 06 长方体的各个面上显示出Step04中设置的分段细节，如下右图所示。

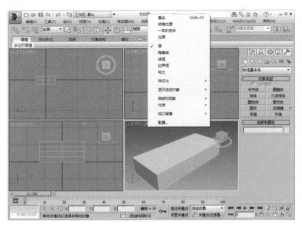 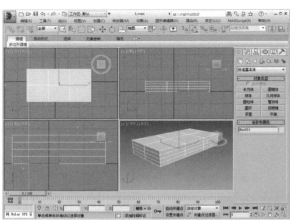

Step 07 在命令面板中单击修改命令 ![icon] 按钮，进入长方体修改命令面板，如下左图所示。

Step 08 在修改命令面板中，可以在"长度"、"宽度"、"高度"数值框内输入所需值，得到相应大小的长方体，如下右图所示。

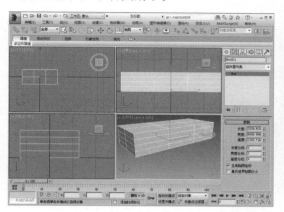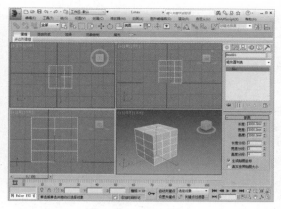

02 圆锥体

圆锥体在现实生活中经常看到，比如甜筒冰激凌的圆筒、项链的吊坠等。圆锥体的主要参数（如右图所示）介绍如下。

- **半径1/2**：设置圆锥体的第1个半径和第2个半径，两个半径的最小值都是0。
- **高度**：设置沿着中心轴的维度。
- **高度分段**：设置沿着圆锥体主轴的分段数。
- **端面分段**：设置围绕圆锥体顶部和底部的中心的同心分段数。
- **边数**：设置圆锥体周围边数。
- **平滑**：混合圆锥体的面，从而在渲染视图中创建平滑的外观。

下面将利用圆锥体命令创建一个圆台，其具体操作步骤如下。

Step 01 在创建命令面板中单击"几何体"按钮，在"标准基本体"下单击"圆锥体"按钮，在透视视口中单击并拖动创建一个圆面，如下左图所示。

Step 02 释放鼠标左键，沿Z轴向上移动光标，圆面升起成圆柱，其高度随光标的位置变化而变化，如下右图所示。

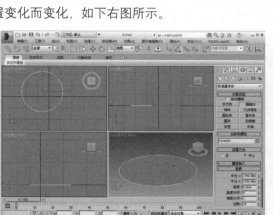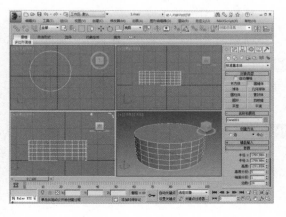

Step 03 到适当位置时单击，圆柱高度停止变化。释放鼠标左键后移动光标，圆柱顶面随光标移动而放大或者缩小，如下左图所示。

Step 04 到适当位置时单击，圆台创建完成，如下右图所示。

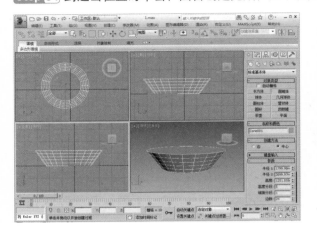 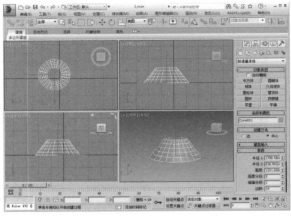

03 球体

使用球体命令不仅可以制作完整、光滑的球体，也可以制作局部球体。

球体的主要参数（如右图所示）介绍如下。

● **半径**：指定球体的半径。

● **分段**：设置球体多边形分段的数目。分段越多，球体越圆滑，反之则越粗糙。

● **平滑**：混合球体的面，从而在渲染视图中创建平滑的外观。

● **半球**：用于创建部分球体。0代表全部球体，0.5表示半球。

● **切除**：通过在半球断开时将球体中的顶点数和面数"切除"来减少它们的数量。

● **挤压**：保持原始球体中的顶点数和面数，将几何体向着球体的顶部挤压为越来越小的体积。

● **轴心在底部**：在默认情况下，轴点位于球体中心的构造平面上，选中则会将球体沿着其局部Z轴向上移动，使轴点位于其底部。

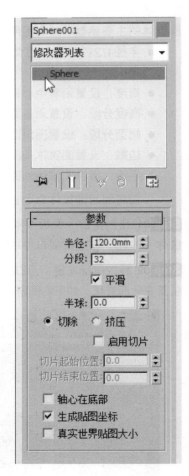

下面来创建一个"球体"基本体，其具体操作步骤如下。

Step 01 在创建命令面板中单击"几何体"按钮，在"标准基本体"下单击"球体"按钮，按住鼠标左键在透视视口中拖动创建一个球体，如下页顶部左图所示。

Step 02 在球体的"参数"卷展栏中设置"半径"为2000mm，单击"创建"按钮，自动生成球体，然后再打开"参数"卷展栏，适当调整其他参数，如下页顶部右图所示。

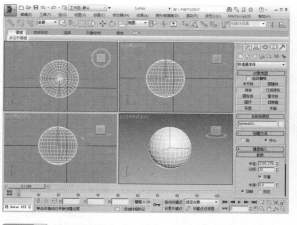
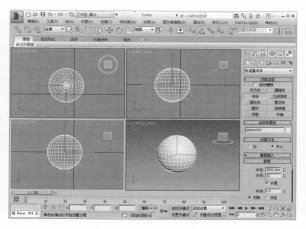

Step 03 打开修改命令面板，设置参数如下左图所示。

Step 04 在"参数"卷展栏的"半球"数值框中输入0.6，即沿Z轴去掉60%球体，同时选中"切除"单选按钮，如下右图所示。

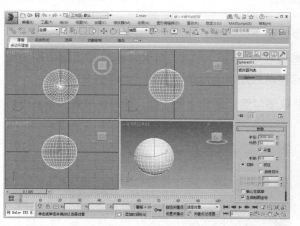
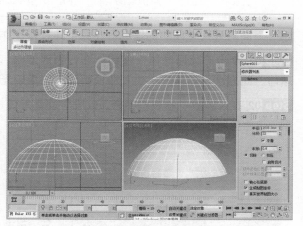

Step 05 若选中"挤压"单选按钮，则半球的切割方式变为将60%的球挤压进剩余的40%中去。从分段的变化即可区分"切除"和"挤压"，如下左图所示。

Step 06 在"参数"卷展栏中勾选"启用切片"复选框，并设置"切片起始位置"为40，"切片结束位置"为160，如下右图所示。

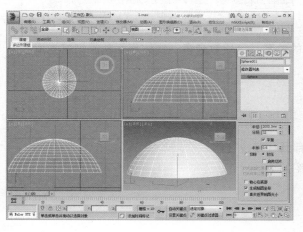
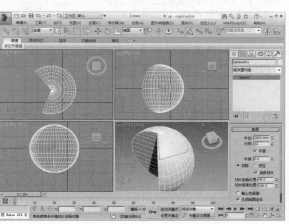

04 几何球体

几何球体是以三角面相拼接成的球体或半球体，它的长处在于它是由三角面拼接组成的，在制作面的分离特效时（如爆炸），可以分解成三角面或标准四面体、八面体等，达到无秩序、混乱的效果。

几何球体的主要参数（如右图所示）介绍如下。

- **基点面类型**：选择几何球体表面的基本组成单位类型，可供选择的有"四面体"、"八面体"和"二十面体"。
- **平滑**：从而在渲染视图中创建平滑的外观。
- **半球**：用于创建一个半球。

知识链接 几何球体与球体的区别

几何球体是由三角面构成的，而球体是由四角面构成的。

下面对几何球体的创建进行介绍，其具体操作步骤如下。

Step 01 单击"几何球体"按钮，在"创建方法"卷展栏中选中"直径"单选按钮，在顶视口中创建球体。此方法与球体的"边"选项相同，均指以光标移动的距离为球体的直径，如下左图所示。

Step 02 在"参数"卷展栏中将"分段"设置为1，并取消勾选"平滑"复选框，即可区分各种基点面类型，下右图所示为二十面体。

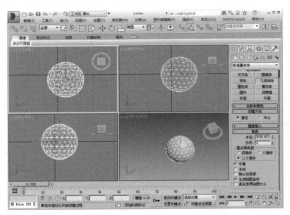 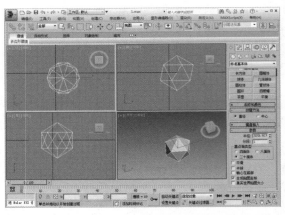

三维对象的细腻程度与物体的分段数有着密切的关系。分段数越多，物体表面就越细腻光滑，分段数越少，物体表面就越粗糙。

05 圆柱体

通过圆柱体命令可以制作棱柱体、圆柱体、局部圆柱或棱柱体。

圆柱体的主要参数（如下页顶部右图所示）介绍如下。

- **半径**：设置圆柱体的半径。
- **高度**：设置沿着中心轴的维度。
- **高度分段**：设置沿着圆柱体主轴的分段数。

- **端面分段**：设置围绕圆柱体顶部和底部的中心的同心分段数。
- **边数**：设置圆柱体周围的边数。

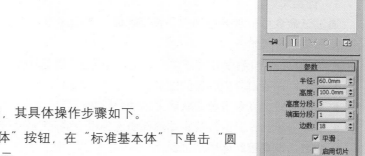

下面对圆柱体的创建方法进行介绍，其具体操作步骤如下。

Step 01 在创建命令面板中单击"几何体"按钮，在"标准基本体"下单击"圆柱体"按钮，创建圆柱体，如下左图所示。

Step 02 打开修改命令面板，设置参数如下右图所示。

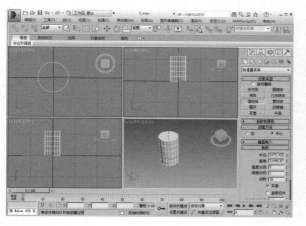
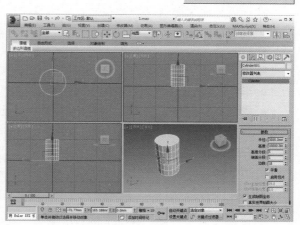

Step 03 将"参数"卷展栏中的"边数"改为6时，如下左图所示，图中的圆柱体变成了六棱柱。

Step 04 在"参数"卷展栏中勾选"启用切片"复选框，并设置"切片起始位置"为40，"切片结束位置"为160，如下右图所示。

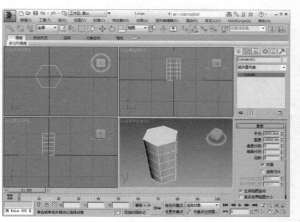
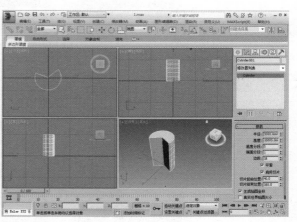

06 其他基本体

下面对其他常见的基本体进行介绍，比如管状体、圆环、茶壶、四棱锥以及平面。

1．管状体

通过该命令可以创建各种空心管状物体，包括圆管、棱管以及局部圆管，管状体的主要参数（如下左图所示）介绍如下。

- **半径1/2**：半径1是指管状体的外径，半径2是指管状体的内径。
- **高度**：设置沿着中心轴的维度。
- **高度分段**：设置沿着管状体主轴的分段数。
- **端面分段**：设置围绕管状体顶部和底部中心的同心分段数量。
- **边数**：设置管状体周围边数。

2．圆环

通过圆环命令制作立体的圆环，截面为正多边形。通过对边数、光滑度、旋转等参数的控制来产生不同的圆环效果，勾选"启用切片"复选框可以制作局部的圆环。圆环的主要参数（如下中图所示）介绍如下。

- **半径1**：设置从圆环的中心到横截面圆形的中心的距离，这是圆环的半径。
- **半径2**：设置横截面圆形的半径。
- **旋转**：设置旋转的度数，横截面将围绕通过圆环中心的圆形逐渐旋转。
- **扭曲**：设置扭曲的度数，横截面将围绕圆环中心的圆形逐渐旋转。
- **分段**：设置围绕圆环的分段数目。
- **边数**：设置圆环横截面圆形的边数。

3．茶壶

通过茶壶命令可以创建标准的茶壶造型，或者是它的一部分（如壶盖、壶嘴等）。其主要参数（如下右图所示）介绍如下。

- **半径**：设置茶壶的半径。
- **分段**：设置茶壶或其单独部件的分段数。
- **平滑**：默认是勾选状态，进行表面平滑处理，取消勾选将会以棱角效果出现。
- **"茶壶部件"选项组**：启用或禁用茶壶部件的复选框。默认情况下将启用所有部件，从而生成完整茶壶。

4. 四棱锥

通过该命令可以创建四棱锥模型，其主要参数（如右1图所示）介绍如下。

- **宽度/深度/高度**：设置四棱锥对应面的维度。
- **宽度/深度/高度分段**：设置四棱锥对应面的分段数。

5. 平面

通过该命令可以创建平面物体，其主要参数（如右2图所示）介绍如下。

- **长度/宽度**：设置平面对象的长度和宽度。在拖动长方体的侧面时，这些字段也作为读数。用户也可以修改这些值。默认设置为0.0，0.0。

Section 02 扩展基本体

本节将对3ds Max 2014中扩展基本体的命令和创建方法进行详细介绍。由于异面体和切角长方体/切角圆柱体的应用最为广泛，本节将以这两种扩展基本体为介绍重点。

在命令面板中单击"创建" ➕ > "几何体" ⚪ > "标准基本体" 扩展基本体 命令即可显示全部扩展基本体，包括：异面体、环形结、切角长方体、切角圆柱体、油罐、胶囊、纺锤、L-Ext（L形拉伸体）、球棱柱、C-Ext（C形拉伸体）、环形波、软管、棱柱，如右图所示。

01 异面体

异面体是一个可调整的由3、4、5边形围成的几何形体，其创建步骤如下。

Step 01 在创建命令面板中单击"几何体"按钮，在"扩展图形"下单击"异面体"按钮，创建一个异面体，如下左图所示。

Step 02 分别创建四面体、立方体/八面体、十二面体/二十面体、星形1、星形2，如下右图所示。

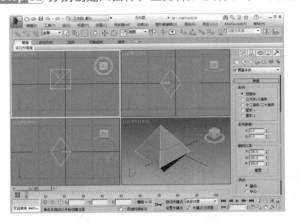 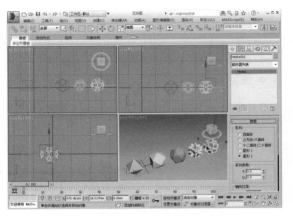

Step 03 "系列参数"选项组中的P、Q两个参数控制着异面体顶点和轴线双重变换的关系，二者之和不能大于1。设定其中一方不变，另一方增大，当二者之和大于1时系统会自动将不变的那一方降低，以保证二者之和等于1。当P为0.6，Q为0.1时的四面体效果如下左图所示。

Step 04 "轴向比率"选项组中的P、Q、R 3个参数分别为其中一个面的轴线，调整这些参数便可以将这些面分别从其中心凹陷或凸出，当P为100，Q为50，R为80时的立方体/八面体效果如下右图所示。

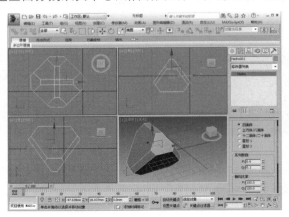 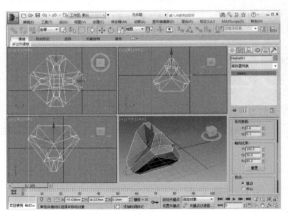

02 切角长方体/切角圆柱体

下面对常见的切角长方体、切角圆柱体的创建过程进行详细介绍，其具体操作步骤如下。

Step 01 在创建命令面板中单击"几何体"按钮，在"扩展基本体"下单击"切角长方体"按钮，创建一个切角长方体，如下左图所示。该命令常用于室内平整形家具如衣柜、写字台等的建模。

Step 02 切角长方体的关键参数是"圆角"和"圆角分段"。下右图所示为"圆角"为10，"圆角分段"为5，其余参数与长方体相同的切角长方体效果。

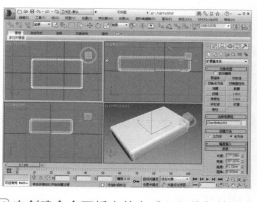 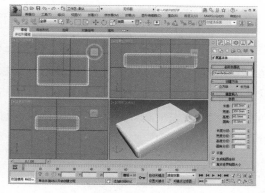

Step 03 在创建命令面板中单击"几何体"按钮，在"扩展基本体"下单击"切角圆柱体"按钮，创建一个切角圆柱体，如下左图所示。

Step 04 切角圆柱体的关键参数也是"圆角"和"圆角分段"。下右图所示为"圆角"为12，"圆角分段"为3的切角圆柱体效果。

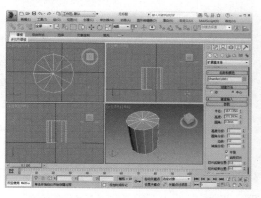 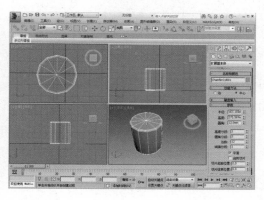

Section 03 样条线

样条线是指由两个或两个以上的顶点及线段所形成的集合线。利用不同的点线配置以及曲度变化，可以组合出任意形状的图案。

在命令面板中单击"创建" > "图形" > "样条线"命令，即可显示全部样条线。样条线包括线、矩形、圆、椭圆、弧、圆环、多边形、星形、文本、螺旋线、卵形和截面共12种，如右图所示。

01 线的创建

线在建模中扮演着重要的角色，读者一定要重视线的创建。线的创建步骤如下。

Step 01 在创建命令面板中单击"图形"按钮，在"样条线"下单击"线"按钮，在顶视口中单击，并跳跃式继续单击不同位置，生成一条线，然后右击结束创建，如下左图所示。

Step 02 单击的位置即记录为线的节点。节点是控制线的基本元素，节点类型分为"角点"、"平滑"和"Bezier（贝赛尔）"三种，如下右图所示。

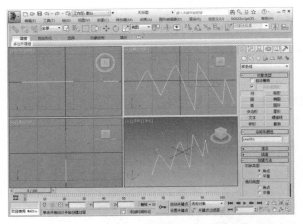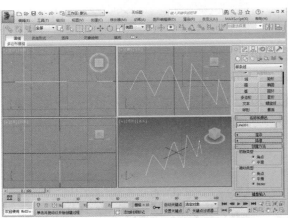

Step 03 在修改命令面板中单击线，激活"line 001"，如下左图所示。

Step 04 在"渲染"卷展栏中，勾选"在渲染中启用"复选框和"在视口中启用"复选框，径向"厚度"设置为5，如下右图所示，线就有了一定的厚度。

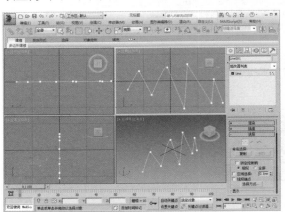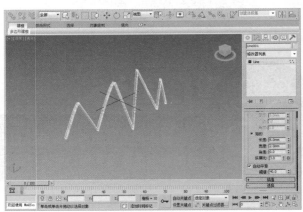

Step 05 当选中"矩形"单选按钮时，则线将以矩形的形态呈现，如下页顶部左图所示。

Step 06 在"几何体"卷展栏中，由"角点"所定义的节点形成的线是严格的折线，由"平滑"所定义的节点形成的线是可以圆滑相接的曲线。单击时若立即松开鼠标便形成折角，若继续拖动一段距离后再松开便形成圆滑的弯角。由Bezier所定义的节点形成的线是依照Bezier算法得出的曲线，通过移动一点的切线控制柄来调节经过该点的曲线形状，如下页顶部右图所示。

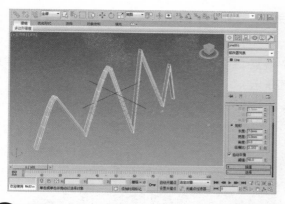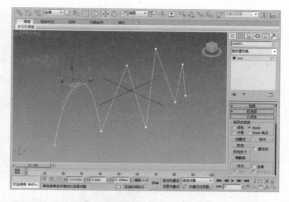

知识链接　关于线的其他操作

- "创建线"表示在原有样条线的基础上再加线。
- "断开"表示将一个顶点断开成两个。
- "附加"表示可以将两条线转换为一条线。
- "优化"表示可以在线条上任意加点。
- "焊接"是将断开的点焊接起来。
- "链接"和"焊接"的作用是一样的，只不过"链接"必须是对重合的两点进行操作。
- "插入"表示不但可以插入点还可以插入线。
- "融合"表示将两个点重合，但还是两个点，不会变为一个点。
- "圆角"表示把直角给一个圆滑度。
- "切角"表示将直角切成一条直线。
- "隐藏"表示把选中的点隐藏起来，但该点还是存在的。
- "删除"表示删除不需要的点。

02　其他样条线的创建

下面对其他常见样条线的创建进行介绍。

- **矩形**：常用于创建简单家具的拉伸原形。关键参数有"可渲染"、"步数"、"长度"、"宽度"、"角半径"，如下左图所示。

- **圆**：常用于创建室内家具的花式即简单形状的拉伸原型，关键参数有"步数"、"可渲染"、"半径"，如下右图所示。

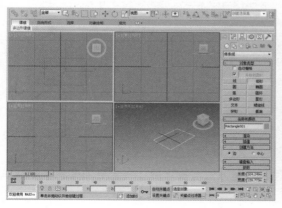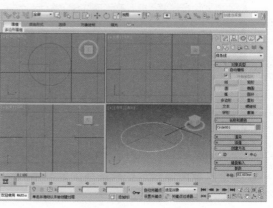

- **椭圆**：常用于创建以圆形为基础的变形对象，关键参数有"可渲染"、"节数"、"长度"、"宽度"，如下左图所示。
- **弧**：关键参数有"端点-端点-中央"、"中央-端点-端点"、"半径"、"起始角度"、"结束角度"、"饼形切片"和"反转"，如下右图所示。

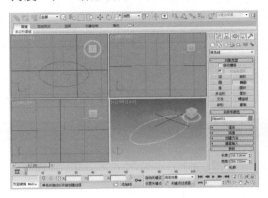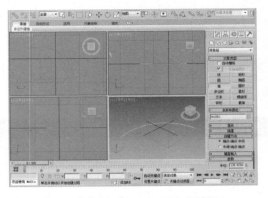

- **圆环**：关键参数有"可渲染"、"步数"、"半径1"、"半径2"，如下左图所示。
- **多边形**：关键参数有"半径"、"内接"、"外接"、"边数"、"角半径"、"圆形"，如下右图所示。

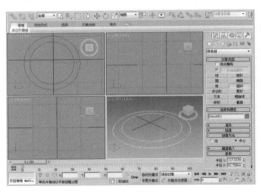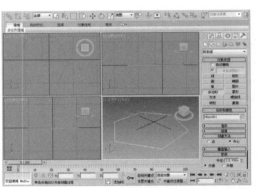

- **星形**：关键参数有"半径1"、"半径2"、"点"、"扭曲"、"圆角半径1"和"圆角半径2"，如下左图所示。
- **文本**：关键参数有"大小"、"字间距"、"更新"和"手动更新"，如下右图所示。

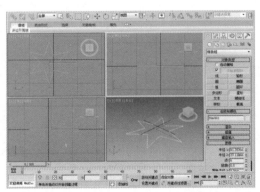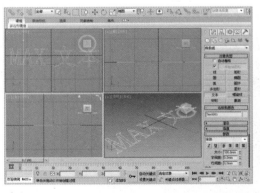

　　读者可以亲自体验这些样条线的创建乐趣，熟悉其创建方法与技巧后，将会更加有利于复杂模型的创建。

Section 04 NURBS 曲线

NURBS即统一非有理B样条曲线，是完全不同于多边形模型的计算方法，该方法用曲线来控制三维对象表面（而不是用网格），非常适合于复杂曲面对象的建模。

在命令面板中单击"创建" > "图形" > "NURBS曲线" NURBS曲线 按钮，即可显示NURBS曲线的参数。

NURBS曲线从外观上来看与样条线相当类似，而且二者可以相互转换，但它们的数学模型却是大相径庭的。NURBS曲线控制起来比样条线更加简单，所形成的几何体表面也更加光滑。NURBS曲线分为两类：点曲线和CV曲线，具体说明如下表所示。

类　型	说　明
点曲线	以点来控制曲线的形状，节点位于曲线上
CV曲线	以CV控制点来控制曲线的形状，CV点不在曲线上，而在曲线的切线上

Section 05 复合对象模型

3ds Max提供了制作较为复杂的复合对象模型的功能，比如布尔运算、放样等。通过对本节内容的学习，读者可以掌握创建复合对象模型的基本方法与技巧。

所谓复合对象就是利用两种或者两种以上的二维图形或三维模型复合而成的新的、比较复杂的三维造型。

在命令面板中单击"创建" > "几何体" > "复合对象" 复合对象 按钮，即可显示全部复合对象，包括：变形、散布、一致、连接、水滴网格、图形合并、布尔、地形、放样、网格化、Pro Boolean（超级布尔）、Pro Cutter（超级切割对象），如右图所示。本节将对布尔、放样命令进行详细介绍。

01 创建布尔

布尔是通过对两个或两个以上的几何对象进行并集、差集、交集的运算，得到一个新的复合对象的方法。创建布尔的步骤如下。

Step 01 先创建两个或两个以上几何对象，如下左图所示。

Step 02 先选择一个对象，这个对象在布尔中称为操作对象A，比如我们选择圆锥体。

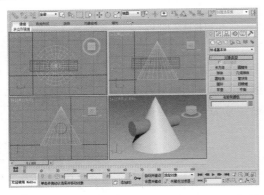 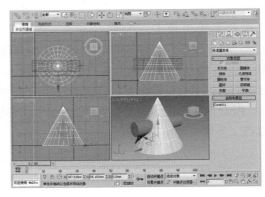

Step 03 单击"创建>几何体>复合对象> 布尔"按钮，如下左图所示。

Step 04 在"拾取布尔"卷展栏中，单击"拾取操作对象B"按钮，从该按钮下方选择一种拾取方式，默认为"移动"方式，在视口中单击选取另一个对象（圆柱体），这个对象即为操作对象B。如下右图所示。

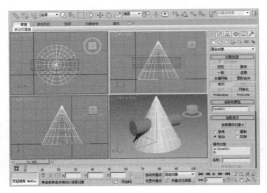 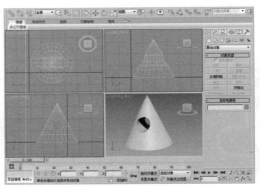

Step 05 在参数面板中可以重新设置操作方式。当设置操作方式为"差集（B-A）"时，布尔效果如下左图所示。

Step 06 当设置操作方式为"并集"时，布尔效果如下右图所示。

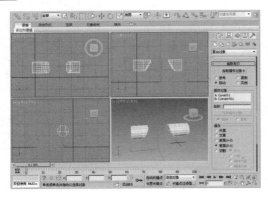 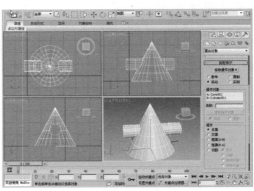

Step 07 当设置操作方式为"交集"时，布尔效果如下左图所示。

Step 08 当设置操作方式为"切割（优化）"时，布尔效果如下右图所示。

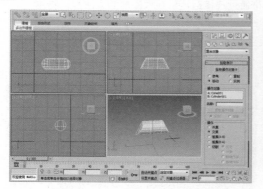 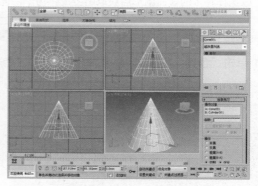

Step 09 当设置操作方式为"切割（移除内部）"时，布尔效果如下左图所示。

Step 10 当设置操作方式为"切割（移除外部）"时，布尔效果如下右图所示。

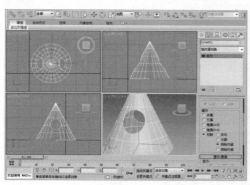 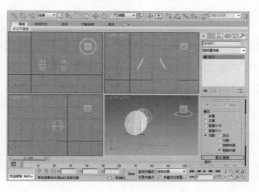

02 创建放样

放样是将一个二维图形对象作为沿某个路径的剖面而形成复杂的三维对象的过程。同一路径上可在不同的段给予不同的图形，我们可以利用放样来实现很多复杂模型的构建。接下来介绍放样的操作步骤。

在制作放样物体前，首先要创建放样物体的二维路径与截面图形。

Step 01 单击"创建>图形>星形"按钮，并且在前视口中创建星状截面，如下左图所示。

Step 02 单击"样条线"按钮，在顶视口中创建一条曲线，做为放样路径，如下右图所示。

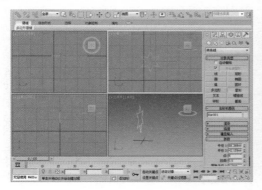 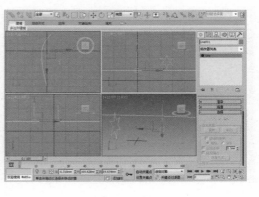

Step 03 选择样条线，使曲线处于激活状态，并且要穿插在截面里面，如下左图所示。

Step 04 单击"创建>几何体>复合对象>放样"按钮，如下右图所示。

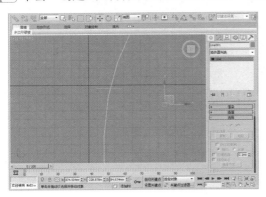 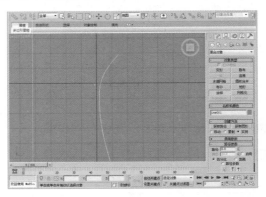

Step 05 在"创建方法"卷展栏中，单击"获取图形"按钮，从该按钮下方选择一种创建方式，默认为"实例"方式，在视口中单击选取星形截面，如下左图所示。

Step 06 在透视视口中可以看到效果，如下右图所示。

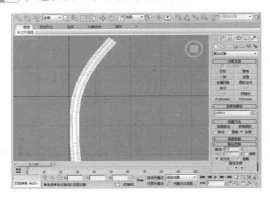 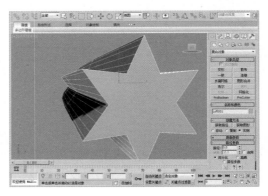

为了让读者更加熟悉放样命令，下面利用放样命令制作"窗帘"模型，其具体操作步骤如下。

Step 01 单击"创建>图形>样条线"按钮，并且在顶视口中创建曲线，作为放样截面线，如下左图所示。

Step 02 单击"样条线"按钮，并且在前视口中创建一条直线，作为放样路径，如下右图所示。

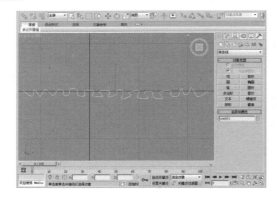 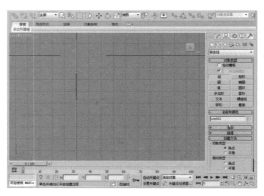

Step 03 选择样条线，使直线处于激活状态，如下左图所示。

Step 04 单击"创建>几何体>复合对象> 放样"按钮，在"创建方法"卷展栏中，单击"获取图形"按钮，从该按钮下方选择一种创建方式，默认为"实例"方式，在视口中单击选取曲线截面，如下右图所示。

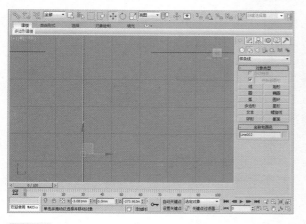 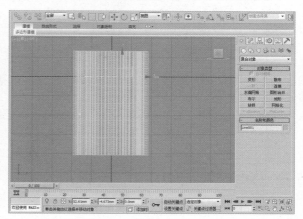

Step 05 在透视视口可以看到窗帘效果，如下左图所示。

Step 06 在顶视口中将窗帘复制一个，如下右图所示。

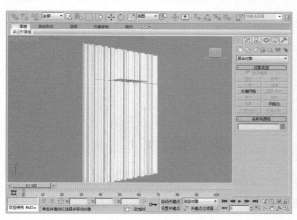 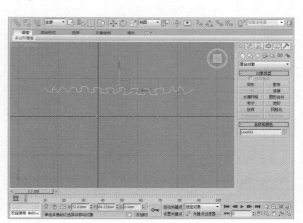

Step 07 进入修改命令面板，将"蒙皮参数"卷展栏中的"图形步数"修改为1，如下左图所示。

Step 08 再单击修改命令面板下端的"变形"按钮，如下右图所示。

 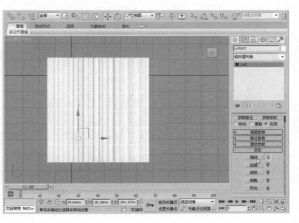

Step 09 单击"缩放"按钮，弹出"缩放变形"对话框，如下左图所示。

Step 10 把对话框左上方的锁关闭，在控制线上添加一个控制点，如下右图所示。

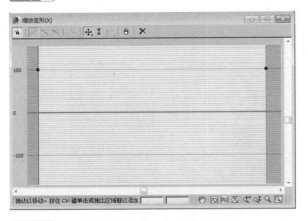
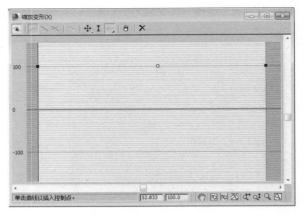

Step 11 再调整它的形态，如下左图所示。

Step 12 关闭对话框，即可看到调整后窗帘的形态，如下右图所示。

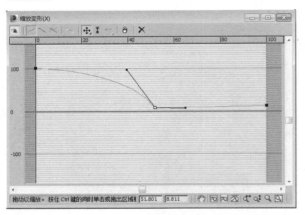
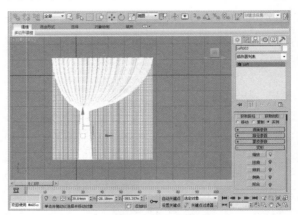

Step 13 经过缩放修改后，发现窗帘是对称的，接下来调整它的形态，在修改器堆栈中选择放样下的"图形"子物体层级，如下左图所示。

Step 14 在"图形命令"卷展栏中的"对齐"选组中单击"左"按钮或"右"按钮，如下右图所示。

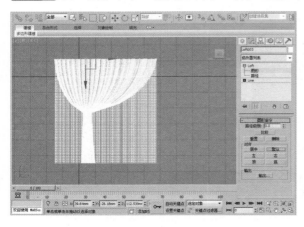
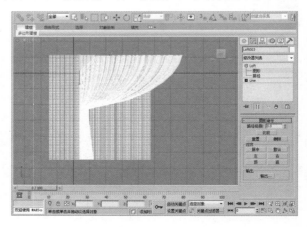

Step 15 用"缩放"工具对窗帘进行调整，如下左图所示。

Step 16 关闭"图形"子物体层级，选择物体，单击工具栏中的"镜像"按钮，如下右图所示。

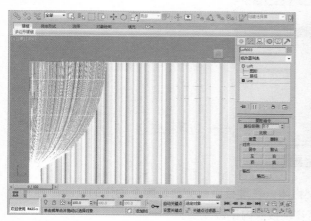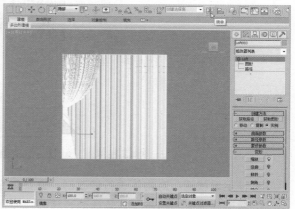

Step 17 在弹出的"镜像"对话框中选择 X 轴，设置一定的"偏移"数值，在"克隆当前选择"选项组中选择"实例"单选按钮后单击"确定"按钮，如下左图所示。

Step 18 至此，窗帘的效果图就制作完成了，效果如下右图所示。

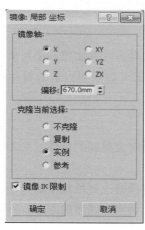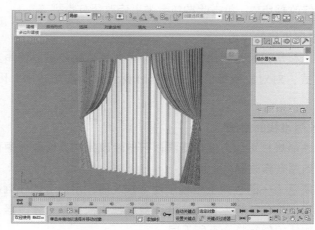

Section 06

二维图形生成三维模型

在制作效果图的过程中，常会对事先绘制好的二维图形施加一些编辑命令，以得到想要的三维模型，这时就用到了修改器。修改器在建模过程中扮演着相当重要的角色，几乎每个模型都会用到修改器中的命令，最常见的修改命令读者必须熟练掌握。

01 修改器堆栈

修改命令面板的图标是 ，其命令面板如下页顶部图所示。

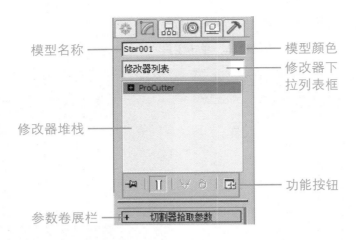

模型名称 —— Star001
模型颜色
修改器列表
修改器下拉列表框
ProCutter
修改器堆栈
功能按钮
参数卷展栏 —— 切割器拾取参数

- **锁定堆栈**：对物体进行修改时，选择哪个物体，在堆栈中就会显示哪个物体的修改内容。当激活此项时，会把当前物体的堆栈内容固定在堆栈表内不做改变。
- **显示最终结果开/关切换**：用于观察对象修改器的最终结果。
- **使唯一**：作用于实例化存在的物体，取消其间的关系。
- **从堆栈中移除修改器**：删除当前修改器，消除其引起的更改。
- **配置修改器集**：单击此按钮会弹出修改器分类列表。

1．修改器堆栈的作用

修改器堆栈是记录建模操作的重要存储区域。用户可以使用多种方式来编辑一个对象，但是不管使用哪种方式，对对象所做的每一步操作都会记录在堆栈中，因而可以返回以前的操作，继续修改对象。

2．修改器堆栈的用法

利用修改器堆栈可以方便地查看以前的修改操作。修改器遵循向上叠加的原理，后加上去的修改器将会叠加到原有修改器的上面。

如下图所示为一圆柱体上堆栈了两个修改器，用户可以任意选择修改器堆栈中的选项，查看并修改参数。也可以按住鼠标左键，在修改器堆栈中拖移某个修改器，调整修改器的顺序。不同的修改器堆栈顺序对物体的影响将会有所不同。

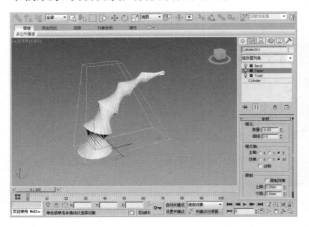
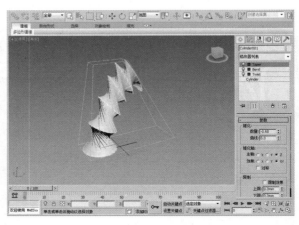

3. 塌陷修改器堆栈

3ds Max中的每一个修改器的使用都要占用一定的内存。在确定一个对象不再需要修改后，就可将修改器塌陷来释放部分内存。在堆栈栏中右击，在弹出的快捷菜单中选择"塌陷全部"或"塌陷到"命令即可将修改器塌陷。

02 修改器面板创建

在为模型施加修改命令时，有时会因为修改列表中的命令太多而一时找不到想要的修改命令。那么有没有一种快捷的方式，可以将平时常用的修改命令存储起来，在用的时候可以快捷地找到呢？

答案是肯定的，用户可以自行创建修改器面板，通过"配置修改器集"对话框来实现。在这里用户可以在一个对象的修改器堆栈内复制、剪切和粘贴修改器，或将修改器粘贴到其他对象的修改器堆栈中，还可以给修改器取一个新名字以便记住编辑的修改器。

下面介绍如何把常用的修改命令设置为一个面板，如挤出、车削、倒角等命令。

Step 01 在修改命令面板中单击"配置修改器集"按钮，在弹出的下拉菜单中选择"显示按钮"命令，如下左图所示。

Step 02 此时在修改命令面板中出现了一个默认的命令面板，如下右图所示。

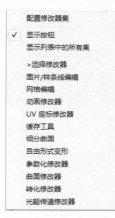 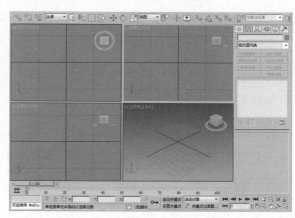

Step 03 单击"配置修改器集"按钮，在弹出的下拉菜单中选择"配置修改器集"命令，在弹出的"配置修改器集"对话框左侧的下拉列表中选择所需要的修改器，然后将其拖拽到右侧的按钮上，如下左图所示。

Step 04 将所需要的修改器一一拖过去，按钮的个数也可以设置，设置完成后单击"确定"按钮可以将这个命令面板保存起来，如下右图所示。

这样，属于自己的修改命令面板就建立好了，用户操作时就可以方便地调用相应的命令。专业的设计师或绘图员都会定制修改命令面板，从而快速、方便地找到所需要的修改命令，提高工作效率。

03 常用修改器

下面介绍如何利用挤出、车削、倒角、倒角剖面等修改命令把二维图形转变为三维模型。

1．挤出

在前面的学习中相信读者对挤出已经有了一定的了解，接下来我们通过"吊顶"的创建来详细介绍"挤出"命令的运用。

Step 01 启动3ds Max 2014，将单位设置为毫米。单击"创建＞图形＞矩形"按钮，在顶视口中绘制一个6000×4500的矩形，如下左图所示。

Step 02 再绘制一个4500×3000的小矩形，参数及位置如下右图所示。

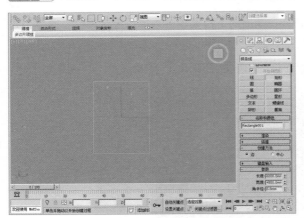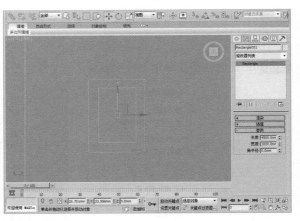

Step 03 选择其中一个矩形，进入修改命令面板，执行"编辑样条线"命令，如下左图所示。

Step 04 单击"几何"卷展栏中的"附加"按钮，如下右图所示。

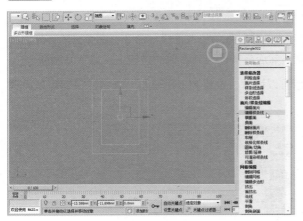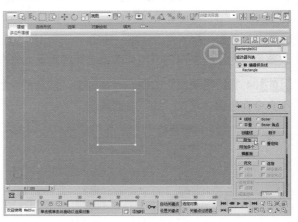

Step 05 在顶视口中单击另一个矩形，此时将两个矩形就附加为一体了，效果如下左图所示。

Step 06 确认附加后的矩形处于选择状态，在修改命令面板中执行"挤出"命令，如下右图所示。

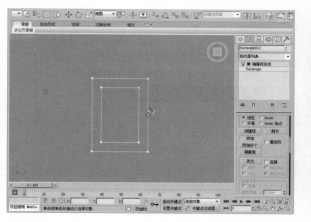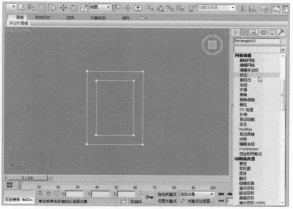

Step 07 设置挤出"数量"为80（即吊顶的厚度为8厘米），效果如下左图所示。

Step 08 在前视口中将吊顶复制一个，放在下方，在修改命令面板中回到"编辑样条线"级别，进入"样条线"子物体层级，如下右图所示。

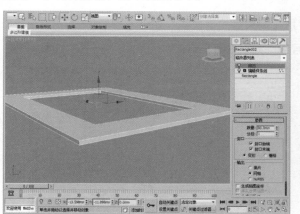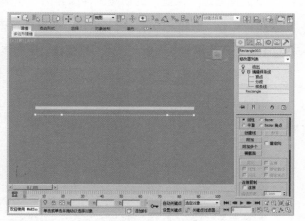

Step 09 选择里面的4条线，在"几何体"卷展栏中找到"轮廓"按钮，如下左图所示。

Step 10 在轮廓右侧的输入框中输入-200，然后单击"轮廓"按钮，效果如下右图所示。

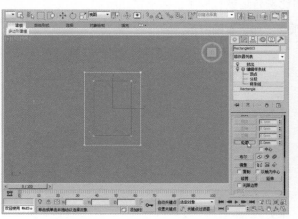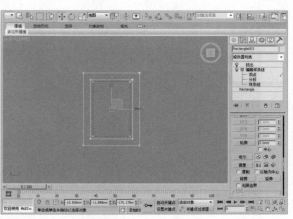

Step 11 将里面的矩形删除，如下左图所示。

Step 12 回到"挤出"级别，用"对齐"命令将两个吊顶对齐，在顶部创建平面作为屋顶，效果如下右图所示。

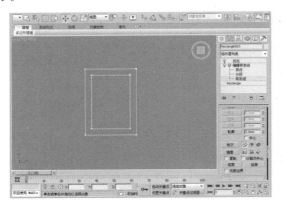 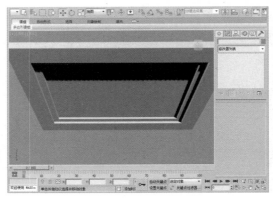

　　"挤出"命令的使用很广泛，也很容易掌握，读者可以继续尝试体验。

　2．车削

　　下面将通过"果盘"的创建来详细介绍"车削"命令的运用。

Step 01 单击"创建>图形>线"按钮，在前视口中用绘制果盘的剖面线，如下左图所示。

Step 02 进入修改命令面板，进入"样条线"子物体层级，如下右图所示。

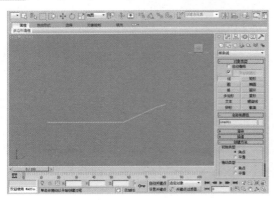 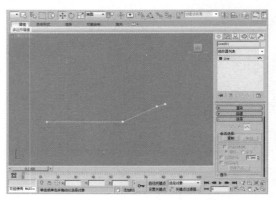

Step 03 为绘制的线添加一个"轮廓"，大小控制得比例合适就可以了，如下左图所示。

Step 04 进入"顶点"子物体层级，选择右侧的两个顶点，如下右图所示。

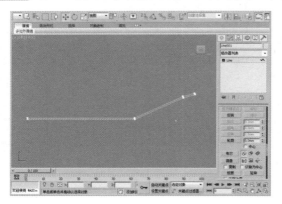 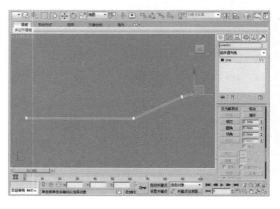

Step 05 单击"切角"按钮，在前视口中拖动光标，此时直角变为圆角，如下左图所示。

Step 06 调整完成后，在"修改器列表"中执行"车削"命令，如下右图所示。

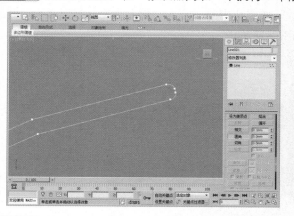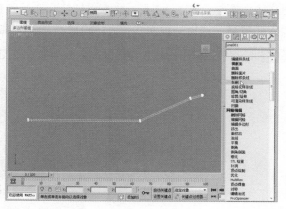

Step 07 勾选"焊接内核"复选框，为了让果盘更加圆滑一些，将"分段"设置为30，单击"对齐"选项组中的"最小"按钮，如下左图所示。

Step 08 在前视口中用"线"命令绘制出苹果的剖面线，形态如下右图所示。

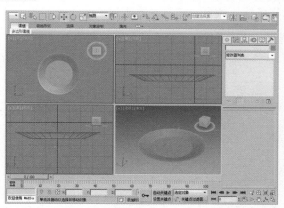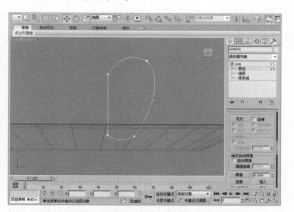

Step 09 在"修改器列表"中执行"车削"命令，单击"对齐"选项组中的"最小"按钮，效果如下左图所示。

Step 10 将苹果复制多个，大小与形状可以修改一下，最终效果如下右图所示。

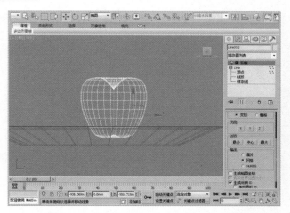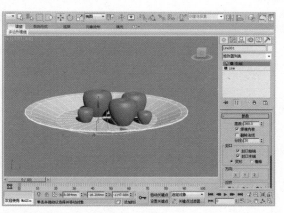

车削的知识就介绍到这里，这是一个功能比较强大的命令，读者一定要熟练掌握。

3．倒角

下面通过"休闲沙发"的创建来详细介绍"倒角"命令的运用。

Step 01 单击"创建>图形>文本"按钮，在"参数"卷展栏中的"文本"输入框中，按Shift＋@键，输入@符号，选择一种字体，大小设置为1000，如下左图所示。

Step 02 在前视口中拖拽创建出文本，效果如下右图所示。

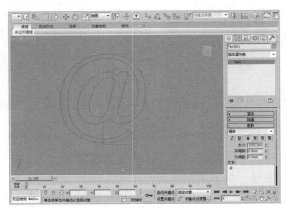

Step 03 选择文本，在"修改器列表"中执行"编辑样条线"命令，如下左图所示。

Step 04 按"1（数字1）"键，激活"顶点"子物体层级，找到"优化"命令，如下右图所示。

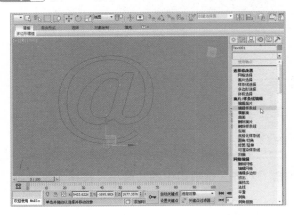
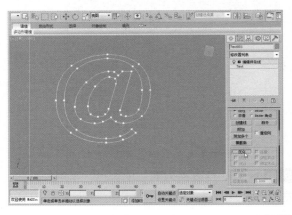

Step 05 单击"优化"按钮，加入多个顶点，然后用"移动"工具调整形态，最终效果如下左图所示。

Step 06 确认文本处于被选择状态，在"修改器列表"中执行"倒角"命令，调整倒角参数如下右图所示。

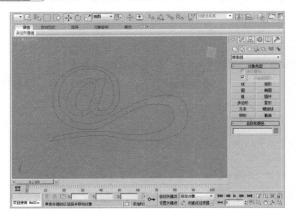
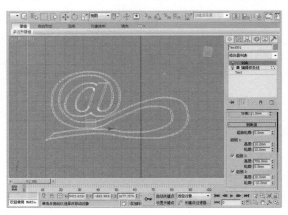

Step 07 可以发现休闲沙发的面片数量太多了，需要对其进行适当的精简。在修改命令面板中，回到"文本"级别，调整"步数"为2，如下左图所示。

Step 08 最终效果如下右图所示。

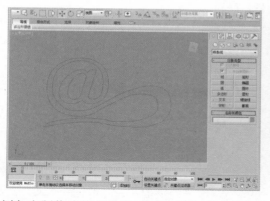 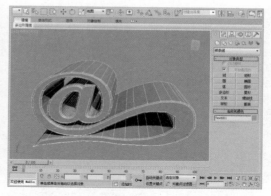

倒角在制作边框类物品时运用很广泛，读者可以根据自己的习惯尝试建模。

4．倒角剖面

下面通过"吧台"的创建来详细介绍"倒角剖面"命令的运用，创建步骤如下。

Step 01 在顶视口中创建一个1000×1800的矩形，作为"路径"，如下左图所示。

Step 02 在"修改器列表"中执行"编辑样条线"命令，按"2"键，进入"线段"子物体层级，将上面的线条删除，如下右图所示。

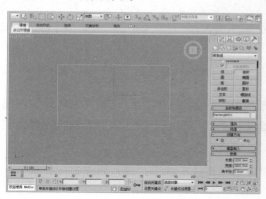 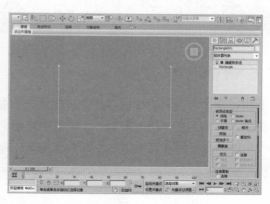

Step 03 按"1（数字1）"激活"顶点"子物体层级，调整两个顶点的形态，如下左图所示。

Step 04 在前视口中绘制一个封闭的线形，作为吧台的"剖面线"，如下右图所示。

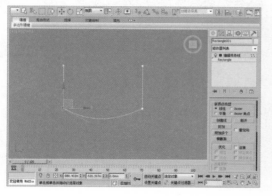 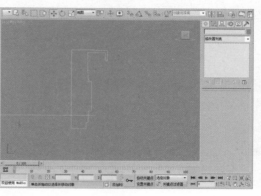

Step 05 在顶视口中选择绘制的矩形，在"修改器列表"中执行"倒角剖面"命令，单击"拾取剖面"按钮，在前视口中单击绘制的"剖面线"，如下左图所示。

Step 06 最终得到吧台效果，如下右图所示。

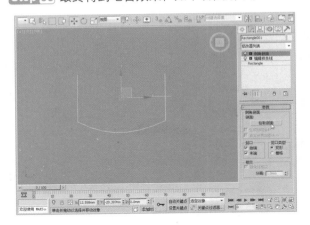 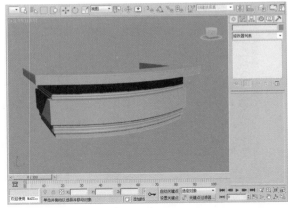

三维模型常用修改器

Section 07

本节将介绍弯曲、锥化、噪波、FFD修改器、晶格、网格平滑等三维模型常用修改器的使用方法与技巧。

01 "弯曲"修改器

利用该命令可以对物体进行无限度数的弯曲变形操作，并且通过X、Y、Z轴"轴向"控制物体弯曲的角度和方向，可以用"限制"选项组中的两个选项"上限"和"下限"限制弯曲在物体上的影响范围，通过这种控制可以使物体产生局部弯曲效果。

Step 01 在顶视口中创建一个三维物体，并确认该物体处于被选中状态。进入修改命令面板，如下左图所示。

Step 02 在"修改器列表"中执行"弯曲"命令，其"参数"卷展栏如下右图所示。

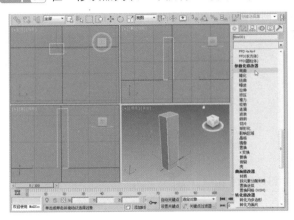 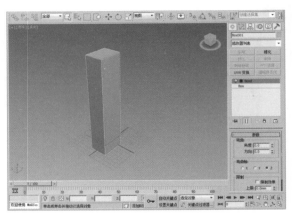

Step 03 角度: 可以在右侧的数值框中输入弯曲的角度, 常用值为0~360, 这里将"角度"调整为50, 效果如下左图所示。

Step 04 方向: 可以在右侧的数值框中输入弯曲沿自身Z轴方向的旋转角度, 常用值为0~360, 这里将"方向"调为30, 效果如下右图所示。

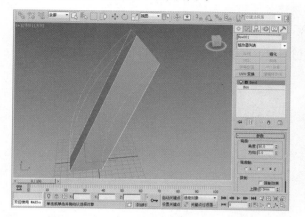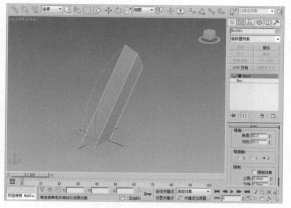

Step 05 弯曲轴: "弯曲轴"选项组中有X、Y、Z 3个轴向。在同一视图中建立的物体选择不同的轴向时效果不一样, 选择 X 轴时, 效果如下左图所示。

Step 06 限制效果: 可以对物体指定限制效果, 必须勾选此复选框才可以起作用, 效果如下右图所示。

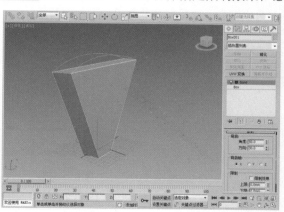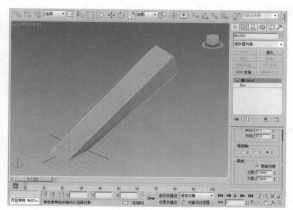

Step 07 上限: 将弯曲限制在中心轴以上, 在限制区域以外不会受到弯曲的影响, 如下左图所示。

Step 08 下限: 将弯曲限制在中心轴以下, 在限制区域以外不会受到弯曲的影响, 如下右图所示。

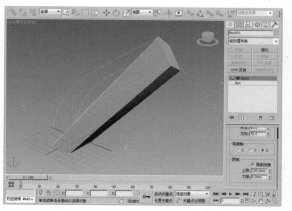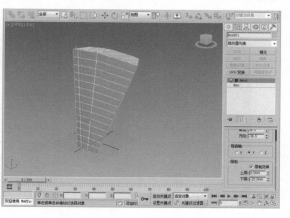

02 "锥化"修改器

通过缩放物体两端而产生锥形轮廓来修改物体，同时还可以加入平滑的曲线轮廓。允许控制锥形的倾斜度、曲线轮廓的弯曲度，还可以限制局部的锥化效果，并且可以实现物体的局部锥化效果。

Step 01 在顶视口中创建一个三维物体，并确认该物体处于被选中状态。进入修改命令面板，在"修改器列表"中执行"锥化"命令即可，如下左图所示。

Step 02 数量：决定锥化倾斜的程度，正值向外，负值向里。这里调整"数量"为10，如下右图所示。

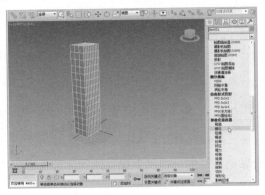 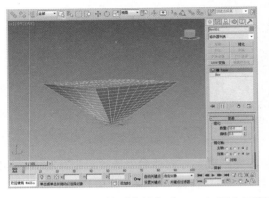

Step 03 曲线：决定锥化轮廓的弯曲程度，正值向外，负值向里。这里调整"曲线"为10，如下左图所示。

Step 04 主轴：设置基本依据轴向，有X、Y、Z 3个轴向可供选择。选择X轴的效果如下右图所示。

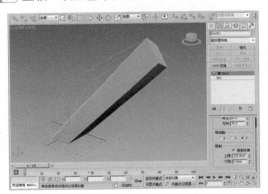 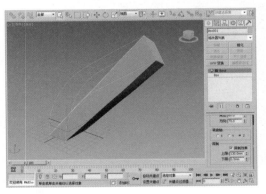

Step 05 效果：设置影响效果的轴向，有X、Y、Z 3个轴向可供选择，选择Y轴的效果如下左图所示。

Step 06 对称：围绕主轴产生对称锥化，锥化始终围绕影响轴对称，默认设置为禁用状态，如下右图所示。

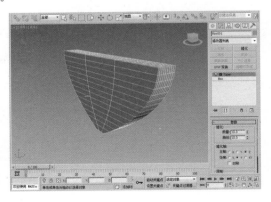 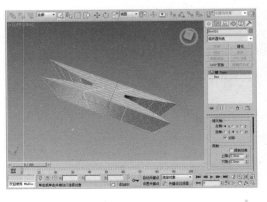

Step 07 上限：以设置上部边界，此边界位于锥化中心点的上方，超出此边界锥化不再影响几何体，如下左图所示。

Step 08 下限：以设置下部边界，此边界位于锥化中心点的下方，超出此边界锥化不再影响几何体，如下右图所示。

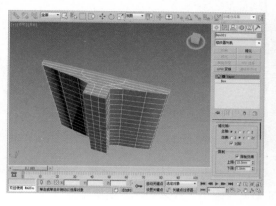 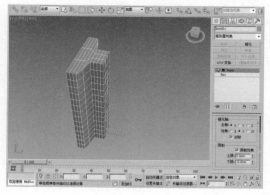

03 FFD 修改器

FFD 不仅作为空间扭曲物体，还可作为基本的变形修改工具，用来灵活地弯曲物体的表面，有些类似捏泥人的手法。

FFD 分为多种方式，包括"FFD2×2×2、FFD3×3×3、FFD4×4×4、FFD（长方体）和FFD（圆柱体）"。它们的功能与使用方法基本一致，只是控制点数量和控制形状略有变化。常用的是FFD（长方体），它的控制点可以随意设置。FFD（长方体）在视图中以带控制点的栅格长方体显示，可以移动这些控制点对长方体进行变形，绑定到FFD（长方体）上的对象因为FFD（长方体）将会发生变形。

接下来通过"枕头"的建模来介绍"FFD（长方体）"命令的使用。

Step 01 单击"创建>几何体>拓展基本体>切角长方体"按钮，在顶视口中创建一个切角长方体，修改参数如下左图所示。

Step 02 进入修改命令面板，在"修改器列表"中执行"FFD（长方体）"命令即可，如下右图所示。

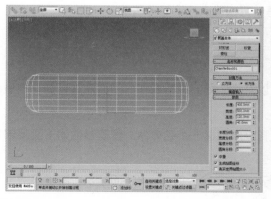 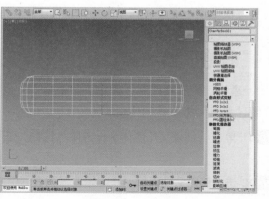

Step 03 单击"设置点数"按钮，在弹出的"设置FFD尺寸"对话框中，设置"长度"和"宽度"为5，"高度"为3，单击"确定"按钮，如下左图所示。

Step 04 按"1（数字1）"键，进入"控制点"子物体层级，在顶视口中选择四周的控制点，如下右图所示。

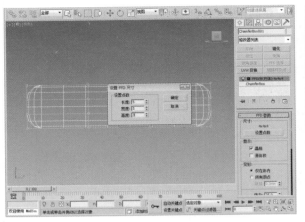 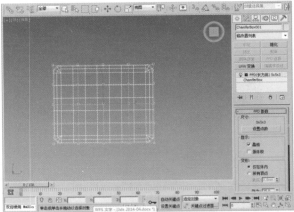

Step 05 在前视口中用"选择并均匀缩放"工具沿 Y 轴进行缩小，效果如下左图所示。

Step 06 可以在不同的视图中单独选择控制点进行调整，直到满意为止，效果如下右图所示。

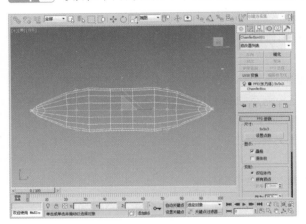 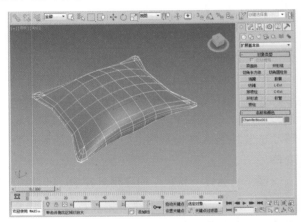

　　"FFD（长方体）"命令是一个很强大的三维修改命令。需要注意的是，在执行该命令之前，物体必须有足够的段数。否则，即使调整控制点，物体形态也不会随之变换。如果想得到更多的控制点，更方便地进行调整，在"设置FFD尺寸"对话框中可以将点数设置得稍微多一些。

04 "晶格"修改器

　　"晶格"修改器既可以作用于整个物体，也可以对物体局部进行操作。下面通过钢结构模型的创建介绍"晶格"修改器的使用。

Step 01 单击"创建>几何体>长方体"按钮，在顶视口中创建一个长方体，修改参数如下页顶部左图所示。

Step 02 进入修改命令面板，在"修改器列表"中执行"晶格"命令即可，如下页顶部右图所示。

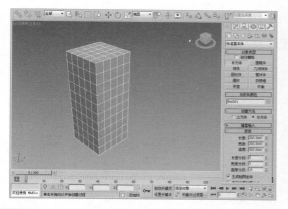
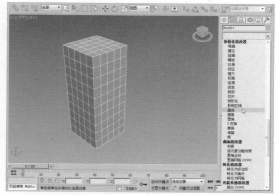

Step 03 调整各项参数，如下左图所示。

Step 04 在"修改器列表"中执行"锥化"命令，如下右图所示。

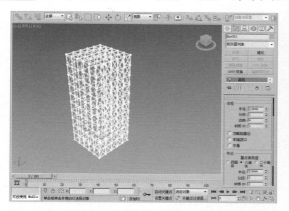
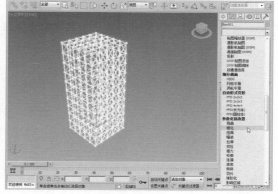

Step 05 将"数量"设置为-0.95，"曲线"设置为-0.8，如下左图所示。

Step 06 最终效果如下右图所示。

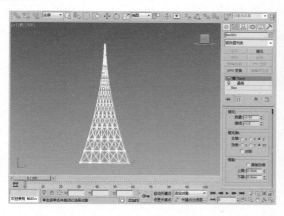
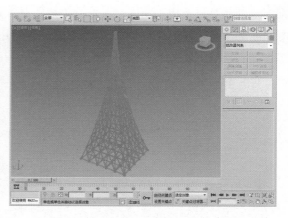

通常"晶格"修改器可以方便地制作一些骨架结构，如电视信号塔、室内支架、装饰摆设等。

05 "网格平滑"修改器

这是一个专门用来给简单的三维模型添加细节的修改器。最好先用"编辑网格"修改器将模型的大致框架制作出来，然后再用"网格平滑"修改器来添加细节下面以"靠垫"的建模为例进行介绍。

Step 01 单击"创建>几何体>长方体"按钮，在顶视口中创建一个长方体，修改参数如下左图所示。

Step 02 进入修改命令面板，在"修改器列表"中执行"网格平滑"命令即可，如下右图所示。

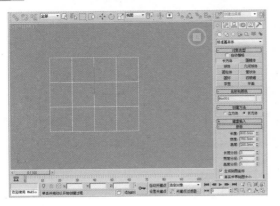 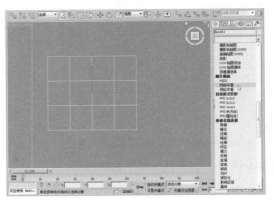

Step 03 将"迭代次数"设置为1，勾选"显示框架"复选框，如下左图所示。

Step 04 进入"顶点"子物体层级，在前视口中选择四周的顶点，如下右图所示。

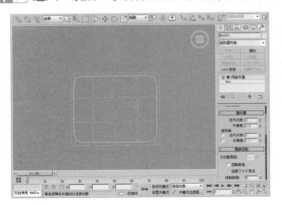 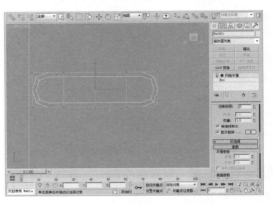

Step 05 在顶视口中用"缩放"工具沿Y轴往下拖动，使靠垫的边缘形态缩小至如下左图所示效果。

Step 06 如果感觉控制点太少了，可以设置"控制几把为1"，此时控制点就会增多了，可以更加精细地对靠垫进行调整，效果如下右图所示。

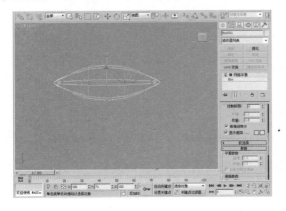 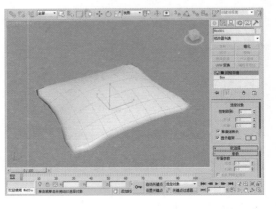

  通过对前面内容的学习，我们了解了建模的多种方法，读者可以根据自己的使用习惯来选择建模方法。需要强调的是，读者一定要熟练掌握运用修改命令面板中的命令，为以后复杂模型的建模打下基础。

设计师训练营 创建沙发模型

下面以"单人沙发"模型的创建为例，对前面所学的知识进行巩固温习，其具体操作步骤介绍如下。

Step 01 启动3ds Max 2014，将单位设置为毫米，首先制作一个单人沙发。在创建命令面板中单击"扩展基本体"下的"切角长方体"按钮，在顶视口中单击并拖动光标创建一个切角长方体，作为"沙发底座"，如下左图所示。

Step 02 进入修改命令面板，在"参数"卷展栏中将"长度"设置为600，"宽度"设置为600，"高度"设置为130，"圆角"设置为20，"圆角分段"设置为3，如下右图所示。

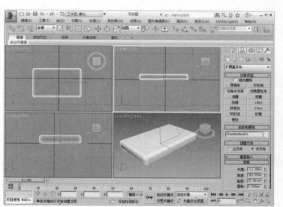 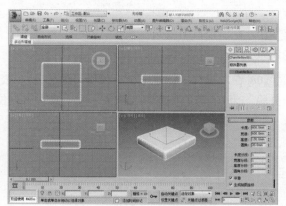

Step 03 在前视口中，利用移动复制的方法将切角长方体沿Y轴向上复制一个，将"圆角"修改为30，作为"沙发座"，如下左图所示。

Step 04 确认复制的切角长方体处于选择状态，按Alt+A键激活"对齐"工具，在前视口中单击下面的切角长方体，设置参数如下右图所示。

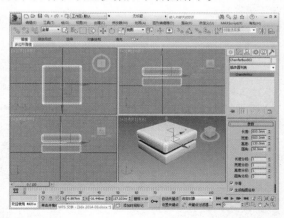 

Step 05 在前视口中创建一个"长度"为450，"宽度"为720，"高度"为120，"圆角"为20，"圆角分段"为3的切角长方体，作为"扶手"，位置及参数如下页顶部左图所示。

Step 06 激活顶视口，在"扶手"下面创建一个40×40×100的长方体，作为"沙发腿"，再复制另一条，位置及参数如下页顶部右图所示。

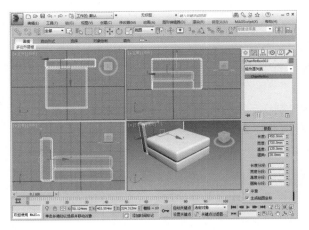 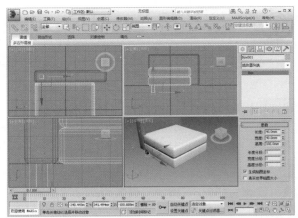

Step 07 在顶视口中框选"扶手"、"沙发腿",用实例复制的方法沿Y轴将其复制一组,位置如下左图所示。

Step 08 在左视口中创建一个"长度"为450,"宽度"为600,"高度"为100,"圆角"为15,"圆角分段"为3的切角长方体,作为沙发"靠背",位置及参数如下右图所示。

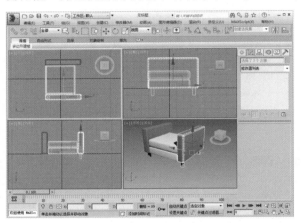 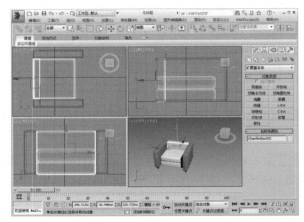

Step 09 将刚才创建的切角长方体复制一个,作为"靠垫",放在沙发座的上面,调整参数,再用"旋转"工具在前视口中旋转一下,位置及参数如右图所示。至此完成整个单人沙发模型的创建。

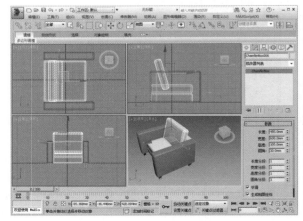

课后练习

1. 选择题

（1）制作不含盖子的牙膏体模型主要使用的是（　　）。

    A. 放样　　　　　　　　　　B. 布尔

    C. 挤出　　　　　　　　　　D. 散布

（2）要想对一个圆柱添加"弯曲"修改器，则有一个参数不能为1，这个参数是（　　）。

    A. 长　　　　　　　　　　　B. 高

    C. 网格数　　　　　　　　　D. 分段

（3）"车削"命令制作的模型中间有黑色发射状区域，取消这个区域可使用的参数是（　　）。

    A. 光滑　　　　　　　　　　B. 焊接内核

    C. 翻转法线　　　　　　　　D. 调整轴线

（4）下列不属于布尔运算的类型的是（　　）。

    A. 切割　　　　　　　　　　B. 并

    C. 交　　　　　　　　　　　D. 相加

（5）下列不属于编辑网格的子对象的是（　　）。

    A. 顶点　　　　　　　　　　B. 面

    C. 元素　　　　　　　　　　D. 线

2. 填空题

（1）修改矩形时，在修改命令面板中可修改半径的参数有一个为"圆角半径"，那么修改星形时，可修改半径的参数有_____个。

（2）使用"挤出"修改器时，决定挤出高度的参数是_____。

（3）三维基本造型的创建包括_____和_____。

（4）默认状态下，按住_____可以锁定所选择的物体，以便对所选对象进行编辑。

3. 上机题

综合运用多种建模方法创建楼梯模型，参考效果如下。

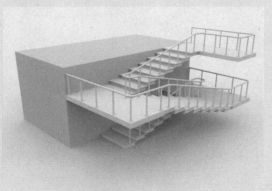

Chapter 04

摄影机技术

　　3ds Max中的摄影机与现实中的摄影机原理相通，但它的功能更加强大，且处理效果远远超越了现实中摄影机所能达到的高度。本章将为读者讲解摄影机技术，摄影机是3D建模的重要组成部分，也是读者必须熟悉和掌握的基本知识。

重点难点

- 3ds Max 2014标准摄影机的应用
- VRay摄影机的基本知识
- VRay摄影机的应用

Section 01

3ds Max 摄影机

摄影机可以从特定的观察点来表现场景，模拟真实世界中的静止图像、运动图像或视频，并能够制作某些特殊的效果，如景深和运动模糊等。本节主要介绍摄影机的基本知识与实际应用操作等。

01 摄影机的基本知识

真实世界中的摄影机使用镜头将环境反射的灯光聚焦到具有灯光敏感性曲面的焦点平面，而3ds Max 2014 中摄影机相关的参数主要包括焦距和视野。

1. 焦距

焦距是指镜头和灯光敏感性曲面的焦点平面间的距离。焦距影响成像对象在图片上的清晰度。焦距越小，图片中包含的场景越多。焦距越大，图片中包含的场景越少，但会显示远距离成像对象的更多细节。

2. 视野

视野控制摄影机可见场景的范围，以水平线度数进行测量。视野与镜头的焦距直接相关，例如35mm的镜头显示水平线约为54°，焦距越大则视野越窄，焦距越小则视野越宽。

02 摄影机的类型

3ds Max 2014共提供了两种摄影机类型，包括目标摄影机和自由摄影机，如下图所示。前者适用于表现静帧或单一镜头的动画，后者适用于表现摄影机路径动画。

1. 目标摄影机

目标摄影机沿着放置的目标图标"查看"区域，使用该摄影机更容易定向。为目标摄影机及其目标制作动画，可以创建有趣的效果。

2. 自由摄影机

自由摄影机在摄影机指向的方向查看区域，与目标摄影机不同，自由摄影机由单个图标表示，可以更轻松地设置摄影机动画。

03 摄影机的操作

在3ds Max 2014中，可以通过多种方法快速创建摄影机，并能够使用移动和旋转工具对摄影机进行移动和定向操作，同时应用预置的各种镜头参数来控制摄影机的观察范围和效果。

1. 摄影机的移动与旋转

对摄影机进行移动操作时，通常针对目标摄影机，可以对摄影机与摄影机目标点分别进行移动操作。由于目标摄影机被约束指向其目标，无法沿着其自身的 X 和 Y 轴进行旋转，所以旋转操作主要针对自由摄影机。

2. 摄影机常用参数

摄影机的常用参数主要包括镜头的选择、视野的设置、大气范围和裁剪范围的控制等多个参数，如右图所示为摄影机对象与相应的参数面板。

参数面板中各主要参数的含义如下。

- **镜头**：以毫米为单位设置摄影机的焦距。
- **视野**：用于决定摄影机查看区域的宽度，可以通过水平、垂直或对角线这3种方式测量应用。
- **备用镜头**：该选项组用于选择各种常用预置镜头。
- **环境范围**：该选项组用于设置大气效果的近距范围和远距范围限制参数。
- **剪切平面**：该选项组用于设置摄影机的观察范围。

04 景深

景深是多重过滤效果，通过模糊到摄影机焦点某距离处的帧的区域，使图像焦点之外的区域产生模糊效果。

景深的启用和控制，主要在摄影机参数面板的"多过程效果"选项组和"景深参数"卷展栏中进行设置，如右图所示，各主要参数的含义如下。

- **使用目标距离**：用于设置摄影机和其目标之间的距离。
- **过程总数**：用于设置生成效果的过程数，增加此值可以增加效果的精确性，但渲染时间也随之增加。
- **采样半径**：用于控制移动场景生成模糊的半径，该参数值越大，模糊效果越明显，默认值为1.0。
- **采样偏移**：用于设置模糊靠近或远离采样半径的权重。增加该值将增加景深模糊的数量级，表现更均匀的效果。减小该值将减小景深模糊的数量级，表现更随机的效果，"采样偏移"值的范围是0.0~1.0。

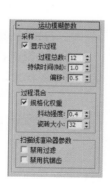

05 运动模糊

运动模糊可以通过模拟实际摄影机的工作方式，增强渲染动画的真实感。摄影机有快门速度，如果在打开快门时物体出现明显的移动情况，胶片上的图像将变模糊。

在摄影机参数面板中勾选"运动模糊"复选框时，会打开相应的参数卷展栏，用于控制运动模糊效果，如右图所示，各主要选项的含义如下。

- **过程总数**：用于生成效果的过程数。增加此值可以增加效果的精确性，但渲染时间会更长。
- **持续时间**：用于设置在动画中将应用运动模糊效果的帧数。
- **偏移**：更改模糊，以便其显示出在当前帧的前后帧中更多的内容。
- **抖动强度**：用于控制应用于渲染通道的抖动程度，增加此值会增加抖动量，并且生成颗粒状效果，尤其在对象的边缘上。
- **瓷砖大小**：用于设置抖动时图案的大小，此参数是百分比值，0是最小的平铺，100是最大的平铺，默认设置为32。

Section 02

VRay摄影机

VRay 渲染器提供了VRay 穹顶摄影机和VRay 物理摄影机两种摄影机，以模拟真实世界中摄影机的拍摄效果。

01 VRay穹顶摄影机

VR 穹顶摄影机通常被用于渲染半球圆顶效果，它的参数设置面板如右图所示。

- **翻转X**：使渲染的图像在X 轴上进行翻转。
- **翻转Y**：使渲染的图像在Y 轴上进行翻转。
- **fov**：设置视角的大小。

02 VRay物理摄影机

VRay 物理摄影机和3ds Max 本身带的摄影机相比，更能模拟真实成像，更轻松地调节透视关系。单靠摄影机就能控制曝光，另外还有许多非常不错的其他特殊功能和效果。3ds Max本身带的摄影机不带任何属性，如白平衡、曝光值等。VRay 物理摄影机就具有这些功能，简单地讲，如果发现灯光不够亮，直接修改VRay 摄影机的部分参数就能提高画面亮度，而不用重新修改灯光的亮度。VRay 物理摄影机的"基本参数"卷展栏图右图所示。

- **类型**：VRay 物理摄影机内置了3 种类型的摄影机，用户可以在这里进行选择。
- **目标**：勾选此复选框，摄影机的目标点将放在焦平面上。
- **胶片规格**：控制摄影机看到的范围，数值越大，看到的范围也就越大。
- **焦距**：控制摄影机的焦距。
- **缩放因子**：控制摄影机视口的缩放。
- **光圈数**：用于设置摄影机光圈的大小。数值越小，渲染图片亮度越高。
- **目标距离**：摄影机到目标点的距离，默认情况下不启用此选项。
- **焦点距离**：控制焦距的大小。
- **光晕**：模拟真实摄影机的光晕效果。
- **白平衡**：控制渲染图片的色偏。
- **自定义平衡**：自定义图像颜色色偏。
- **快门速度**：控制进光时间，数值越小，进光时间越长，渲染图片越亮。
- **快门角度**：只有选择电影摄影机类型此项才激活，用于控制图片的明暗。
- **快门偏移**：只有选择电影摄影机类型此项才激活，用于控制快门角度的偏移。
- **延迟**：只有选择视频摄影机类型此项才激活，用于控制图片的明暗。
- **胶片速度**：控制渲染图片亮暗。数值越大，表示感光系数越大，渲染图片也就越暗。

VRay摄影机的应用

通过对上述知识的学习与了解，我们了解了VRay摄影机的基础知识。下面通过实例学习VRay摄影机的创建与设置方法。

Step 01 打开"设计师训练营——卧室.max"，此时场景已将光源和材质设置完成，如下左图所示。

Step 02 单击3dx Max自带的目标摄影机，在场景中创建一个镜头为24mm的目标摄影机并设置参数，如下右图所示。

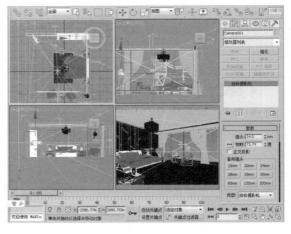

Step 03 渲染目标摄影机视口，得到如下左图所示的效果。

Step 04 单击VRay摄影机创建命令面板，在顶视口中创建一个VRay物理摄影机，如下右图所示。

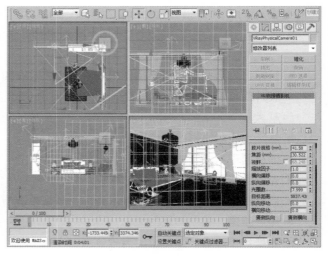

Step 05 在视口中选择摄影机头，在视口下方设置X、Y、Z数值，如下页顶部左图所示。

Step 06 在视口中选择摄影机的目标点，在视口下方设置X、Y、Z数值，如下页顶部右图所示。

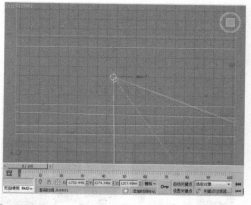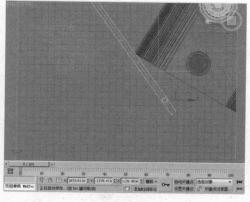

Step 07 选择VRay物理摄影机，进入"修改"命令面板，场景漆黑，如下左图所示。

Step 08 在"基本参数"卷展栏中将"快门速度"设置为70，渲染VRay物理摄影机视口，渲染的图片亮度得到提高，但是整体仍然偏暗，如下右图所示。

Step 09 在"基本参数"卷展栏中将"光圈数"设置为6，渲染VRay物理摄影机视口，渲染的图片亮度得到再次提高，如下左图所示。

Step 10 在"基本参数"卷展栏中将"胶片速度"设置为200，渲染VRay物理摄影机视口，渲染的图片亮度明显增强，如下右图所示。

Step 11 在"基本参数"卷展栏中将"胶片规格"设置为45，摄影机观察范围得到扩展，如下左图所示。

Step 12 再综合进行调整，渲染VRay物理摄影机视口，最终渲染效果如下右图所示。

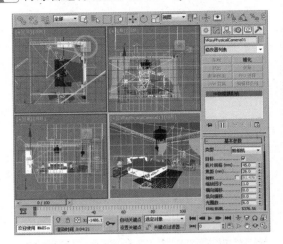 

![课后练习]

1. 选择题

（1）3dx Max 2014 提供的摄影机类型包括（　　）。

　　A. 动画摄影机　　　　　　　　B. 目标摄影机

　　C. 自动摄影机　　　　　　　　D. 漫游摄影机

（2）（　　）控制渲染图片亮暗。数值越大，表示感光系数越大，图片也就越暗。

　　A. 胶片规格　　　　　　　　　B. 焦距

　　C. 快门速度　　　　　　　　　D. 胶片速度

（3）将自己精心设计的模型放入场景后，发现造型失真或物体间的边界格格不入，其原因可能是（　　）。

　　A. 三维造型错误

　　B. 忽视了灯光环境与摄影机

　　C. 材质不是很好

　　D. 以上都不正确

（4）在 3ds Max 中，工作的第一步就是要创建（　　）。

　　A. 类　　　　　　B. 面板　　　　　　C. 对象　　　　　　D. 事件

（5）以下快捷键哪个是不正确的（　　）。

　　A. 移动工具 W　　B. 材质编辑器 M　　C. 摄影机视图 C　　D. 角度捕捉 S

2. 填空题

（1）在 3ds Max 中，_____是对象变换的一种方式，它像一个快速的照相机，将运动的物体拍摄下来。相机默认的镜头长度是_____。

（2）在摄影机参数面板中可用来控制镜头尺寸大小的是_____。

（3）默认情况下，摄影机移动时以_____为基准。

（4）摄影机支持_____、_____、控制 RPF 摄影机和同一场景中架设多架摄影机的效果。

3. 上机题

创建一个场景并练习摄影机的使用方法，分别运用3ds Max目标摄影机和VRay物理摄影机渲染，场景参考图片如下。

Chapter 05

灯光技术

本章将对3ds Max 2014的各种预置灯光进行讲解，其中灯光系统分为标准光源和光度学光源两大类，这也是本章讲解的重点。本章除了讲解标准灯光的使用和光度学灯光的分布方式，还会配合小型实例讲解VRay光源系统在场景中的具体使用技巧和方法。

重点难点

- 3ds Max的光源系统
- 标准灯光的使用
- 光度学灯光的分布方式
- VRay光源系统

Section 01 灯光的种类

3ds Max 中的灯光可以模拟真实世界中的发光效果，如各种人工照明设备或太阳，也为场景中的几何体提供照明。3ds Max 2014 提供了多种灯光对象，用于模拟真实世界不同种类的光源。

01 标准灯光

标准灯光是基于计算机的模拟灯光对象，该类型灯光主要包括泛光灯、聚光灯、平行光、天光以及mental ray常用区域灯光等多种类型。

1. 泛光灯

泛光灯从单个光源向四周投射光线，其照明原理与室内白炽灯泡等一样，因此通常用于模拟场景中的点光源，如下左图所示为泛光灯的基本照射效果。

2. 聚光灯

聚光灯包括目标聚光灯和自由聚光灯两种，但照明原理都类似闪光灯，即投射聚集的光束，通常用于模拟舞台灯光。其中自由聚光灯没有目标对象，照射效果如下右图所示。

知识链接 泛光灯的应用

当泛光灯应用光线跟踪阴影时，渲染速度比聚光灯要慢，但渲染效果一致，在场景中应尽量避免这种情况。

3. 平行光

平行光包括目标平行光和自由平行光两种，主要用于模拟太阳在地球表面投射的光线，即以一个方向投射的平行光，如下页顶部左图所示为平行光照射效果。

4. 天光

天光是比较特别的标准灯光类型，可以建立日光的模型，配合光跟踪器使用，如下页顶部右图所示为天光的应用效果。

知识链接　目标聚光灯或目标平行光的应用

目标聚光灯或目标平行光的目标点与灯光的距离对灯光的强度或衰减之间没有影响。

02　光度学灯光

　　光度学灯光使用光度学（光能）值，通过这些值可以更精确地定义和控制灯光。用户可以通过光度学灯光创建具有真实世界中灯光规格的照明对象，而且可以导入照明制造商提供的特定光度学文件。3ds Max 2014中的光度学灯光包括目标灯光、自由灯光和mr天空入口三种。

1．目标灯光

　　3ds Max 2014 将光度学灯光进行整合，将所有的目标光度学灯光合为一个对象，可以在该对象的参数面板中选择不同的模板和类型，如40W 强度的灯或线性灯光类型，如下左图所示为所有类型的目标灯光。

2．自由灯光

　　自由灯光与目标灯光参数完全相同，只是没有目标点，如下右图所示为其参数面板。

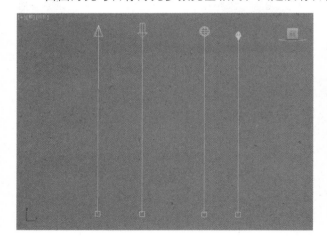
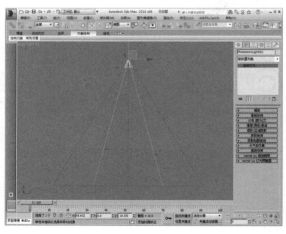

Section 02 标准灯光的基本参数

当光线到达对象的表面时，对象表面将反射这些光线，这就是对象可见的基本原理。对象的外观取决于到达它的光线以及对象材质的属性，灯光的强度、颜色、色温等属性，这些因素都会对对象的表面产生影响。

01 灯光的强度、颜色和衰减

在标准灯光的"强度/颜色/衰减"卷展栏中，可以对灯光最基本的属性进行设置，如下图所示为该参数卷展栏，其中各选项的含义介绍如下。

- **倍增**：该参数可将灯光功率放大一个正或负的量。
- **颜色**：单击色块，可以设置灯光发射光线的颜色。
- **衰退**：该选项组提供了使远处灯光强度减小的方法，包括倒数和平方反比两种方法。
- **近距衰减**：该选择项组提供了控制灯光强度淡入的参数。
- **远距衰减**：该选择项组提供了控制灯光强度淡出的参数。

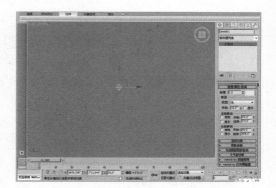

知识链接 · 光线与亮度的关系

光线与对象表面越垂直，对象的表面越亮。

专家技巧 · 解决灯光衰减的方法

灯光衰减时，距离灯光较近的对象可能过亮，距离灯光较远的对象表面可能过暗。这种情况可通过不同的曝光方式解决。

02 排除和包含

单击"常规参数"卷展栏中的"排除…"按钮可以打开"排除/包含"对话框。"排除/包含"功能用于控制对象是否被灯光照明或不被照明，同时还可以将灯光照明和阴影进行分离处理。

在该对话框中，用户可以对对象进行设置，同时也可以选择具体的照明信息参数，如右图所示。

其中，各选项的含义介绍如下。

- "场景对象"列表框下方的编辑框用于按名称搜索对象。可以输入通配符名称来搜索场景对象。

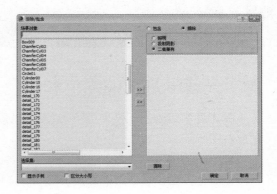

- **场景对象**：选中左侧"场景对象"列表框中的对象，然后单击箭头按钮将其添加到右侧的扩展列表中，此时"排除/包含"功能有效。
- **包含**：用于决定灯光是否包含右侧列表中已命名的对象。
- **排除**：用于决定灯光是否排除右侧列表中已命名的对象。
- **照明**：用于排除或包含对象表面的照明。
- **投射阴影**：用于排除或包含对象阴影的创建。
- **二者兼有**：用于排除或包含照明效果和阴影效果。

03　阴影参数

所有的标准灯光类型都具有相同的阴影参数设置，通过设置阴影参数，可以使对象投影产生密度不同或颜色不同的阴影效果。

阴影参数可以直接在"阴影参数"卷展栏中进行设置，如右图所示。其中各参数选项的含义介绍如下。

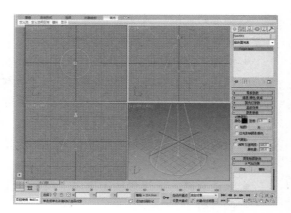

- **颜色**：单击色块，可以设置灯光投射的阴影颜色，默认为黑色。
- **密度**：用于控制阴影的密度，值越小阴影越淡。
- **贴图**：使用贴图可以应用各种程序贴图与阴影颜色进行混合，产生更复杂的阴影效果。
- **大气阴影**：应用该选项组中的参数，可以使场景中的大气效果也产生投影，并能控制投影的不透明度和颜色数量。

 **知识链接**　阴影强度的设置技巧

如果将阴影强度设置为负值，可以帮助模拟反射灯光的效果。

Section 03　光度学灯光的基本参数

光度学灯光与标准灯光一样，强度、颜色等是最基本的属性。但光度学灯光还具有物理方面的参数，如灯光的分布、形状以及色温等。

01　光度学灯光的强度和颜色

在光度学灯光的"强度/颜色/衰减"卷展栏中，可以设置灯光的强度和颜色等基本参数，如下页顶部右图所示。

其中，各选项的含义介绍如下。

- **颜色**：在该选项组中提供了用于确定灯光的不同方式，可以使用过滤颜色，选择下拉列表中提供

的灯具规格，或通过色温控制灯光颜色。

● **强度**：在该选项组中提供了3个选项来控制灯光的强度。

● **暗淡**：在保持强度的前提下，以百分比的方式控制灯光的强度。

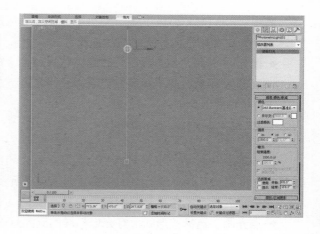

02　光度学灯光的分布方式

光度学灯光提供了4种不同的分布方式，用于描述光源发射光线方向。在"常规参数"卷展栏中可以选择不同的分布方式，如下左图所示。

1. 等向分布

统一球形分布可以在各个方向上均等地分布光线，如下右图所示为统一球形分布的效果图。

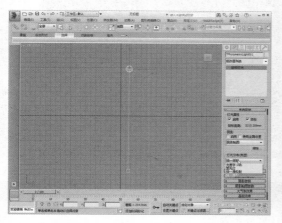

2. 统一漫反射

统一漫反射分布从曲面发射光线，以正确的角度保持曲面上的灯光强度最大。倾斜角越大，发射灯光的强度越弱，如下左图所示为统一漫反射分布的效果。

3. 聚光灯

聚光灯分布像闪光灯一样投影聚焦的光束，就像在剧院舞台或桅灯下的聚光区。灯光的光束角度控制光束的主强度，区域角度控制光在主光束之外的"散落"，如下右图所示为聚光灯分布的效果图。

其中，3ds Max 2014 为聚光灯分布提供了相应的参数控制，可以使聚光区域产生衰减，如右图所示为相关的参数卷展栏。

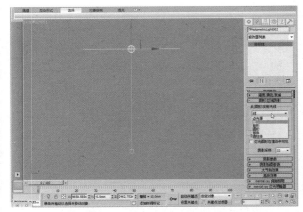

- **聚光区/光束**：用于调整灯光圆锥体的角度，聚光区值以度为单位进行测量。
- **衰减区/区域**：用于调整灯光衰减区的角度，衰减区值以度为单位进行测量。

03 光度学灯光的形状

由于 3ds Max 将光度学灯光整合为目标灯光和自由灯光两种类型，光度学灯光的开关可以在任何目标灯光或自由灯光中进行自由切换，如下右图所示为光度学灯光形状切换的卷展栏。

其中，各选项的含义介绍如下。

- **点光源**：选择该形状，灯光像标准的泛光灯一样从几何体点发射光线。
- **线**：选择该形状，灯光从直线发射光线，像荧光灯管一样。
- **矩形**：选择该形状，灯光像天光一样从矩形区域发射光线。
- **圆形**：选择该形状，灯光从类似圆盘状的对象表面发射光线。
- **球体**：选择该形状，灯光从指定半径大小的球体表面发射光线。
- **圆柱体**：选择该形状，灯光从柱体形状的表面发射光线。

🔄 **知识链接** 灯光形状的应用

球体和圆柱体这两种光度学灯光形状只能应用统一球形分布方式。

下面通过具体的实例介绍不同形状的光度学灯光的照明效果。

Step 01 打开"不同形状的光度学灯光照明效果（原始文件）.max"，如下左图所示。

Step 02 渲染场景，可观察到场景中已有灯光的照明效果，如下右图所示。

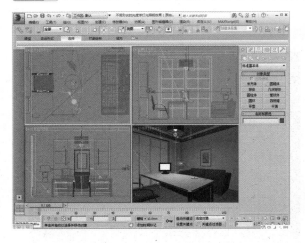

Step 03 在场景中创建一盏目标灯光，调整灯光强度及位置，如下左图所示。

Step 04 渲染场景，可观察到该灯光以默认的"点光源"形状存在，照明效果如下右图所示。

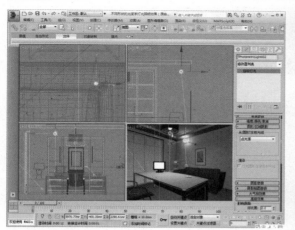 

🔄 **知识链接** 灯光的移动

　　灯光始终指向其目标，不能沿着其局部X轴或Y轴进行旋转。但是，可以选择并移动目标对象以及灯光本身。当移动灯光或目标时，灯光的方向会改变。

Step 05 再创建一盏目标灯光，选择光源形状为"线"形状，设置灯光强度以及线长度，如下左图所示。

Step 06 渲染场景，可观察到该灯光准确地模拟出灯带的照明效果，如下右图所示。

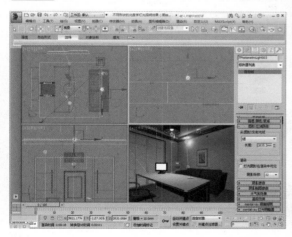 

🔄 **知识链接** 光度学Web分布

　　光度学Web分布以3D形式表示灯光的强度，通过该方式可以调用光域网文件，产生异形的灯光强度分布效果。当选择"光度学Web"分布方式时，在相应的卷展栏中可以选择光域网文件并预览灯光的强度分布图。

Section 04

VRay光源系统

当VRay 渲染器安装完成后，灯光创建命令面板的灯光类型下拉列表中将增加VRay类型。本节将学习VRay 的光源系统。

当在灯光创建命令面板的灯光类型下拉列表中选择VRay选项时，此时的灯光创建命令面板如右图所示。

01 VR灯光

VR灯光是VRay渲染器自带的灯光之一，它的使用频率比较高。默认的光源形状为具有光源指向的矩形光源，如下左图所示。VR灯光参数面板如下中图和下右图所示。

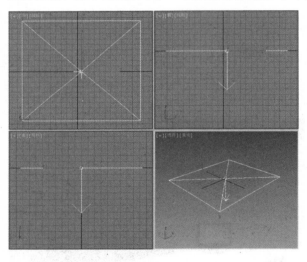

上述参数面板中，各选项的含义介绍如下。

- **开**：灯光的开关。勾选此复选框，灯光才被开启。
- **排除**：可以将场景中的对象排除到灯光的影响范围外。
- **类型**：有3种灯光类型可以选择。
- **单位**：VRay的默认单位，以灯光的亮度和颜色来控制灯光的光照强度。
- **颜色**：光源发光的颜色。
- **倍增器**：用于控制光照的强弱。
- **1/2长**：面光源长度的一半。
- **1/2宽**：面光源宽度的一半。
- **双面**：控制是否在面光源的两面都产生灯光效果。
- **不可见**：用于控制是否在渲染的时候显示VR灯光的形状。

- **忽略灯光法线**：勾选此复选框，场景中的光线按灯光法线分布。不勾选此复选框，场景中的光线均匀分布。
- **不衰减**：勾选此复选框，灯光强度将不随距离而减弱。
- **天光入口**：勾选此复选框，将把VR灯光转化为天光。
- **存储发光图**：勾选此复选框，同时为发光贴图命名并指定路径，这样VR灯光的光照信息将保存。在渲染光子时会很慢，但最后可直接调用发光贴图，减少渲染时间。
- **影响漫反射**：控制灯光是否影响材质属性的漫反射。
- **影响高光反射**：控制灯光是否影响材质属性的高光。
- **细分**：控制VR灯光的采样细分。
- **阴影偏移**：控制物体与阴影偏移的距离。
- **使用纹理**：可以设置HDRI贴图纹理作为穹顶灯的光源。
- **分辨率**：用于控制HDRI贴图纹理的清晰度。
- **目标半径**：当使用光子贴图时，确定光子从哪里开始发射。
- **发射半径**：当使用光子贴图时，确定光子从哪里结束发射。

02 VR太阳

VR阳光是VRay渲染器用于模拟太阳光的，它通常和VR环境灯光配合使用，如下左图所示。"VRay太阳参数"卷展栏如下右图所示。

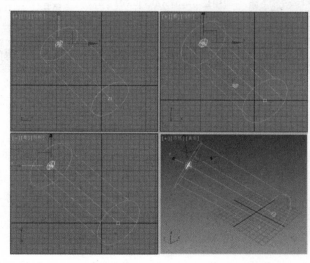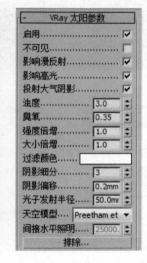

上述参数面板中，各选项的含义介绍如下。
- **启用**：此选项用于控制阳光的开启。
- **不可见**：用于控制在渲染时是否显示VR太阳的形状。
- **浊度**：影响太阳光的颜色倾向。当数值较小时，空气干净，颜色倾向为蓝色；当数值较大时，空气浑浊，颜色倾向为黄色。
- **臭氧**：表示空气中的氧气含量。
- **强度倍增**：用于控制阳光的强度。
- **大小倍增**：控制太阳的大小，主要表现在控制投影的模糊程度。

- **阴影细分**：用于控制阴影的品质。
- **阴影偏移**：如果该值为1.0，阴影无偏移；如果该值大于1.0，阴影远离投影对象；如果该值小于1.0，阴影靠近投影对象。
- **光子发射半径**：用于设置光子放射的半径。

03   VRay IES

VRay IES是VRay渲染器提供的用于添加IES光域网的文件的光源。当选择了光域网文件（*.IES）后，在渲染过程中光源的照明就会按照选择的光域网文件中的信息来表现，就可以做出普通照明无法做到的散射、多层反射、日光灯等效果。VRay IES如下左图所示。

"VRay IES参数"卷展栏如下中图和下右图所示，其参数含义与VR灯光和VR太阳类似。

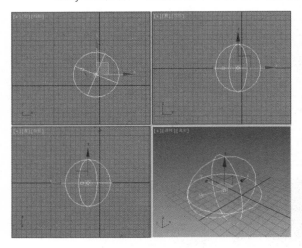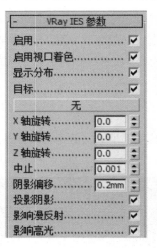

设计师训练营　为卫生间模型设置光源

下面将为一个卫生间场景模型添加灯光效果。打开"设计师训练营——卫生间（原始文件）.max"，观察场景。根据设想，此场景中应有来自户外的环境光源、太阳光源，还应有室内灯带、镜前灯、筒灯和吊灯的光源。模型中的窗户较小，因此场景主要依靠室内人工光源照明。通过模仿练习本实例，读者可以更好地掌握灯光的设置技巧。

1．创建并设置环境光源

下面讲解户外环境光源的设置，场景中使用一盏蓝色VR灯光来模拟环境光，放置于窗户外侧，这样从窗户处就能射入户外光线。具体操作步骤如下。

Step 01 在视口中选择窗帘并右击，在弹出的快捷菜单中选择"隐藏当前选择"命令，以将创建对象隐藏，如下页顶部左图所示。

Step 02 将窗帘隐藏后，单击灯光创建命令面板中的"VR灯光"按钮，在前视口中创建一盏VR灯光，并移动至窗户外侧，如下页顶部右图所示。

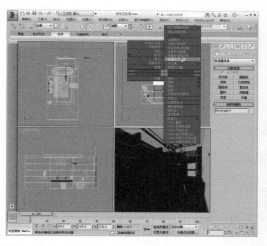 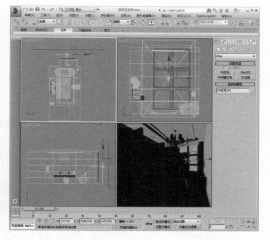

Step 03 进入VRay灯光的修改命令面板，设置灯光强度倍增值，并设置灯光大小，如下左图所示。

Step 04 渲染摄影机视口，白色的光线从窗户进入，效果如下右图所示。

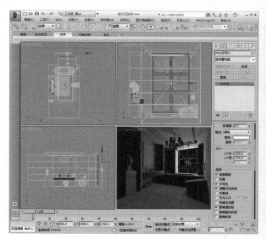 

Step 05 重新调整光源强度倍增值，并调整灯光颜色为浅蓝色（色调：150；饱和度：140；亮度：220），如下左图所示。

Step 06 渲染摄影机视口，场景中的光线效果以及强度都发生了改变，效果如下右图所示。

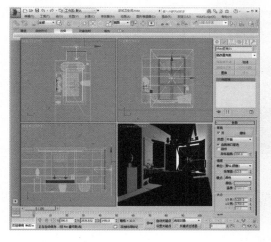 

2．创建并设置太阳光源及天空光源

场景中的太阳光源和天空光源的照明效果仍然是很重要的，下面讲解如何创建并调整本场景中的太阳光源及天空光源。具体操作步骤如下。

Step 01 创建太阳光源。单击灯光创建命令面板中的"VR太阳"按钮，在顶视口中创建一盏太阳光源，在创建太阳光源的同时暂不添加VRay天光。调整太阳光源的位置及角度，如下左图所示。

Step 02 进入太阳光源的修改命令面板，设置太阳光源的各项参数，如下右图所示。

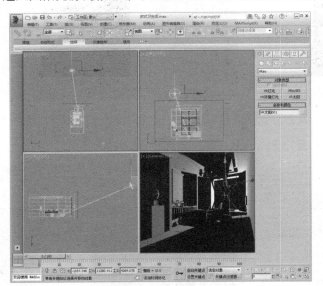 

Step 03 渲染摄影机视口，可以看到场景中的太阳光源光线较为生硬，效果如下左图所示。

Step 04 再次调整太阳光的浊度、强度倍增、大小倍增等参数，如下右图所示。

Step 05 渲染摄影机视口，此时的太阳光线偏暖色，也比较明亮，效果如下页顶部左图所示。

Step 06 创建天空光源。打开"环境和效果"对话框，在"公用参数"卷展栏中勾选"使用贴图"复选框，如下页顶部右图所示。

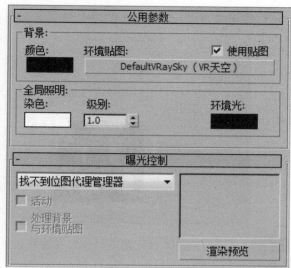

Step 07 将背景环境贴图实例复制到材质编辑器中的空白材质球上，单击材质编辑器中的"None"按钮，在视口中拾取太阳光源进行连接操作，再按照如下左图所示对VRay天空参数进行设置。

Step 08 渲染摄影机视口，效果如下右图所示。

3．创建并设置室内光源

本场景中有灯带、镜前灯、筒灯、吊灯等作为室内光源，对场景的影响比较复杂。具体操作步骤介绍如下。

Step 01 创建灯槽光源。单击VRay灯光创建命令面板中的"VR灯光"按钮，在顶视口中创建一盏VR灯光，旋转角度并调整灯光位置，如下页顶部左图所示。

Step 02 对灯光进行实例复制并调整位置，对于偏长的光源可用缩放工具进行调整，如下页顶部右图所示。

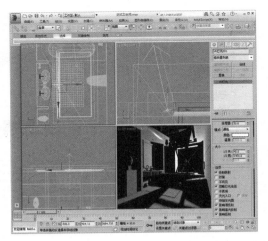
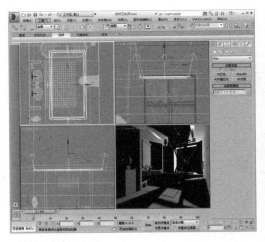

Step 03 选择灯光进入修改命令面板，设置灯光参数，如下左图所示。

Step 04 渲染摄影机视口，效果如下右图所示。

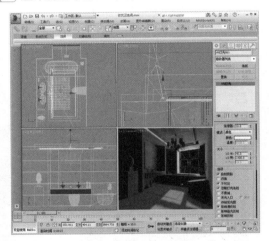

Step 05 调整灯光强度并设置灯光颜色为暖黄色（色调：24；饱和度：200；亮度：255），如下左图所示。

Step 06 再次渲染摄影机视口，可以看到场景中的灯槽位置发出了黄色的光线，并且光线整体变强，效果如下右图所示。

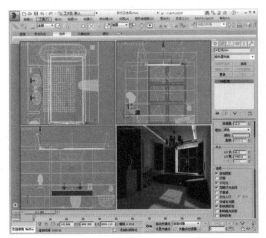

Step 07 创建镜前灯光源。在灯光创建命令面板中单击"目标灯光"按钮，在前视口中创建一盏灯光，并调整灯光位置，如图左下所示。

Step 08 选择灯光进入修改命令面板，设置灯光参数，并为其添加光域网，如下右图所示。

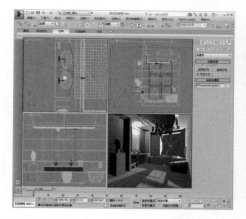 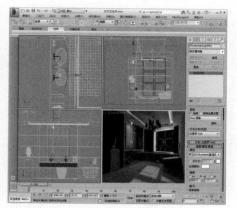

Step 09 渲染摄影机视口，可以看到场景中添加镜前灯光源的效果，如下左图所示。

Step 10 调整灯光位置，增强灯光强度，并调整灯光颜色为黄色（色调：28；饱和度：150；亮度：255），再复制一个镜前灯光，如下右图所示。

 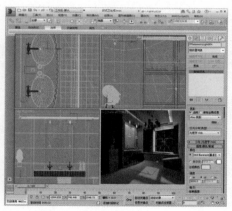

Step 11 渲染摄影机视口，镜前灯开始发射较明亮的黄色光线，如下左图所示。

Step 12 设置筒灯光源。在石膏雕像上方还有一盏筒灯。选择一盏镜前灯光源并复制，调整灯光位置及灯光强度等参数，如下右图所示。

 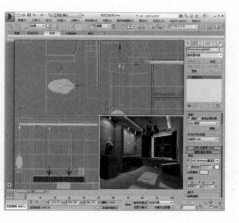

Step 13 渲染摄影机视口，效果如下左图所示。

Step 14 设置吊灯光源。单击灯光命令面板中的VR灯光按钮，在顶视口中创建一盏VR灯光，设置灯光类型为"球体"，再设置灯光强度及半径大小，如下右图所示。

 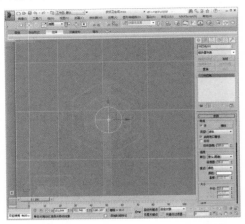

Step 15 对灯光进行实例复制，调整灯光位置，如下左图所示。

Step 16 渲染摄影机视口，可看到吊灯光源发出白光，光线比较弱，如下右图所示。

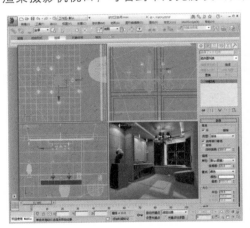 

Step 17 再次调整灯光强度及灯光颜色，如下左图所示。

Step 18 渲染摄影机视口，这时吊灯灯光效果就比较明显了，如下右图所示。

课后练习

1. 选择题

（1）以下哪一个不属于 3ds Max 中的默认灯光类型（　　）。

    A. 泛光　　　　　　　　　　B. 目标聚光灯

    C. 自由聚光灯　　　　　　　D. Brazil 光

（2）火焰、雾、光学特效效果可以在以下哪个视口中正常渲染（　　）。

    A. 顶视口　　　　　　　　　B. 前视口

    C. 摄影机视口　　　　　　　D. 左视口

（3）下面哪种灯光不能控制发光范围（　　）。

    A. 泛光灯　　　　　　　　　B. 聚光灯

    C. 直射灯　　　　　　　　　D. 天光

（4）下面关于编辑修改器的说法正确的是（　　）。

    A. 编辑修改器只可以作用于整个对象

    B. 编辑修改器只可以作用于对象的某个部分

    C. 编辑修改器可以作用于整个对象，也可以作用于对象的某个部分

    D. 以上答案都不正确

2. 填空题

（1）3ds Max 的标准灯光包括_____、自由聚光灯、_____、自由平行光、_____、天光、mr 区域泛光灯和 mr 区域聚光灯等。

（2）添加灯光是场景描绘中必不可少的一个环节。通常在场景中表现照明效果应添加_____；若需要设置舞台灯光，应添加_____。

（3）3ds Max 的三大要素是建模、材质、_____。

（4）REMBRANDT 照明是将主灯光放置在_____的侧面，让主灯光照射物体，也叫 3/4 照明、1/4 照明或 45°照明。

3. 上机题

利用本章所学的知识，练习为如下左图所示的模型添加灯光，渲染效果可参考下右图。

Chapter

06

材质与贴图技术

材质是描述对象如何反射或透射灯光的属性。在材质中，贴图可以模拟纹理、应用设计、反射、折射和其他效果。本章将对材质编辑器、材质的类型和贴图的知识进行深入介绍，以使读者充分掌握其设置方法。

重点难点

- 材质编辑器
- 常见材质类型
- 2D贴图
- 3D贴图

Section 01 材质基础知识

材质用于描述对象与光线的相互作用，在材质中，通常使用各种贴图来模拟纹理、反射、折射和其他特殊效果。本节将具体介绍有关材质的基础知识，以及材质在实际操作中的运用、管理等。

01 设计材质

在3ds Max 2014中，材质的具体特性都可以进行手动控制，如漫反射、高光、不透明度、反射/折射以及自发光等，并允许用户使用预置的程序贴图或外部的位图贴图来模拟材质表面纹理或制作特殊效果，如右图所示为赋予材质后的对象效果。

在3ds Max 2014中，材质的设计制作是通过"材质编辑器"来完成的。在材质编辑器中，用户可以为对象选择不同的着色类型和不同的材质组件，还能使用贴图来增强材质，并通过灯光和环境使材质产生更逼真自然的效果。

知识链接 真实效果的设计

制作材质时，除了要应用符合真实世界中特体质感的材质类型，还要通过灯光、环境等各种因素来使材质达到真实效果。

1. 材质的基本知识

材质详细描述对象如何反射或透射灯光，其属性也与灯光属性相辅相成，最主要的属性为漫反射颜色、高光颜色、不透明度和反射/折射，各属性的含义如下。

- **漫反射颜色**：该颜色是对象表面反映出来的颜色，就是通常提及到的对象颜色，受灯光和环境因素的影响会产生偏差。
- **高光颜色**：是指物体表面高亮显示的颜色，反映了照亮表面灯光的颜色。在3ds Max中可以对高光颜色进行设置，使其与漫反射颜色相符，从而产生一种无光效果，降低材质的光泽性。
- **不透明度**：可以使3ds Max中的场景对象产生透明效果，并能够使用贴图产生局部透明效果。
- **反射/折射**：反射是光线投射到物体表面，根据入射的角度将光线反射出去，使对象表面反映反射角度方向的场景，如平面镜。折射是光线透过对象，改变了原有的光线的投射角度，使光线产生偏差，如透过水面看水底。

知识链接 贴图通道

材质的各种属性在3ds Max中表现为颜色或贴图通道，可以通过颜色或贴图来设计各种属性，如漫反射颜色对应了"漫反射"贴图通道。

2．材质编辑器

"材质编辑器"提供创建和编辑材质、贴图的所有功能，如右图所示，通过材质编辑器可以将材质应用到3ds Max的场景对象。

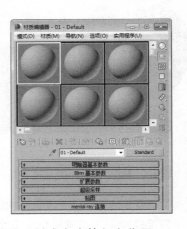

3．材质的着色类型

材质的着色类型是指对象曲面响应灯光的方式，只有特定的材质类型才可以选择不同的着色类型。

4．材质类型组件

每种材质都属于一种类型，默认类型为"标准"，其他的材质类型都有特殊的用途。

5．贴图

使用贴图可以将图像、图案、颜色调整等其他特殊效果应用到材质的漫反射或高光等任意位置。

6．灯光对材质的影响

灯光和材质组合在一起使用，才能使对象表面产生真实的效果。灯光对材质的影响因素主要包括灯光强度、入射角度和距离，各因素的含义及具体影响如下。

- **灯光强度**：灯光在发射点的原始强度。强度越大，物体接收的灯光越多，材质表面表现越亮。
- **入射角度**：物体表面与入射光线所成的角度。入射角度越大，物体接收的灯光越少，材质表面表现越暗。
- **距离**：在真实世界中，光线随着距离会减弱，而在3ds Max中可以手动控制衰减的程度。

7．环境颜色

在制作材质时，只有当选择的颜色和其他属性看起来如同真实世界中的对象时，材质才能给场景增加更强的真实感，特别是在不同的灯光环境下。

- **室内和室外灯光**：室内场景或室外场景，不仅影响选择材质颜色，还影响设置灯光的方式。
- **自然材质**：大部分自然材质都具有无光表面，表面有很少或几乎没有高光颜色。
- **人造材质**：人造材质通常具有合成颜色，例如塑料和瓷器釉料均具有很强的光泽。
- **金属材质**：金属具有特殊的高光效果，可以使用不同的着色器来模拟金属高光效果。

专家技巧 高光效果的设计

预览金属表面时，勾选"背光"复选框可以显示金属的反射高光效果。

---

02 材质编辑器

"材质编辑器"是一个独立的窗口，通过"材质编辑器"可以将材质赋予3ds Max的场景对象。"材质编辑器"窗口可以通过单击主工具栏中的按钮或执行"渲染>材质编辑器"命令打开，如下页顶部左图所示为"材质编辑器"窗口。

1．示例窗

材质编辑器上部的几排方形窗口称为示例窗。使用示例窗可以预览材质和贴图，每个窗口可以预览单个材质或贴图。将材质从示例窗拖动到视口中的对象，可以将材质赋予场景对象。

示例窗中样本材质的状态有3种，实心三角形表示已应用于场景对象且该对象被选中的材质，空心三角形表示应用于场景对象但对象未被选中的材质，无三角形表示未被应用的材质，如下右图所示。

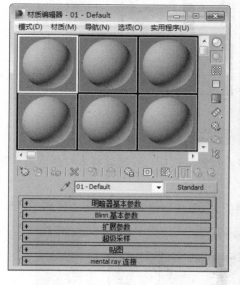
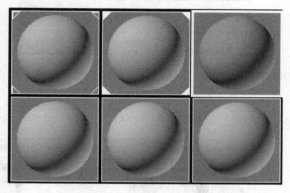

2. 工具

位于"材质编辑器"窗口中示例窗右侧和下方的是用于管理和更改贴图及材质的按钮和其他控件。其中，位于右侧的工具主要用于对示例窗中的样本材质球进行控制，如显示背景或检查颜色等。位于下方的工具主要用于材质与场景对象的交互操作，如将材质指定给对象、显示贴图应用等。

下面将对右侧工具的应用方法进行介绍。

Step 01 在"材质编辑器"窗口中选择一个样本材质球，然后为"漫反射"选项指定"平铺"程序贴图，如下左图所示。

Step 02 按住"采样类型"按钮不放，在弹出的面板中单击柱体按钮，示例窗中的样本材质球将显示为柱体，如下右图所示。

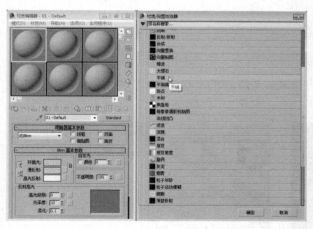
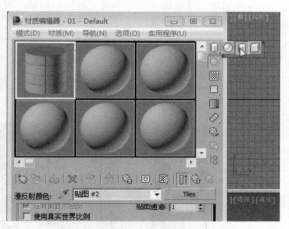

Step 03 如果选择方形的"采样类型"按钮，样本材质球也会相应变为方形，如下页顶部左图所示。

Step 04 单击"背光"按钮激活状态，示例窗中的样本材质将不显示背光效果，如下页顶部右图所示。

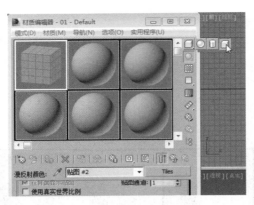 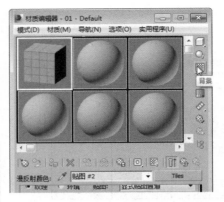

Step 05 如果材质的"不透明度"参数值小于100，单击"背景"按钮，可透过样本材质查看到示例窗中的背景，如下左图所示。

Step 06 在右侧工具栏中单击"采样UV平铺"的2×2按钮，贴图将平铺两次，如下右图所示。

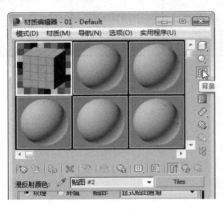 

> **知识链接** 平铺图案
>
> 使用此选项设置的平铺图案只影响示例窗，对场景中几何体上的平铺没有影响，效果由贴图自身坐标卷展栏中的参数进行控制。

Step 07 如果单击"采样UV平铺"的4×4按钮，贴图将平铺4次，如下左图所示。

Step 08 在右侧工具栏中单击"材质/贴图导航器"按钮，可打开相应的对话框，显示当前选择样本材质的层级，如下右图所示。

 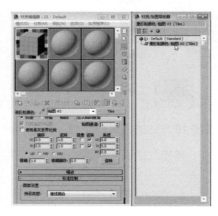

下面对材质编辑器中示例窗下方工具的应用方法进行介绍。

Step 01 打开"下方工具的应用（原始文件）.max"，效果如下左图所示。

Step 02 打开"材质编辑器"窗口，然后选择第一个样本材质球，如下右图所示。

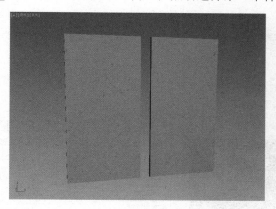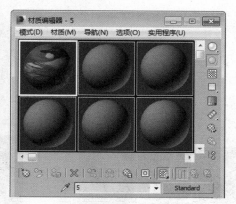

Step 03 在视口中选择一个对象，单击"将材质指定给选定对象"按钮 ，为其赋予材质，效果如下左图所示。

Step 04 单击"视口中显示明暗处理材质"按钮 ，对象表面将显示"漫反射"的贴图，如下右图所示。

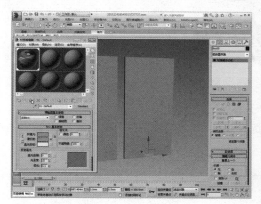

Step 05 单击"从对象拾取材质"按钮 ，然后在视口中进行拾取操作，对象材质将被拾取到样本材质球上，如下左图所示。

Step 06 在场景中选择另一个对象，然后单击"将材质指定给选定对象"按钮 ，为其赋予材质，效果如下右图所示。

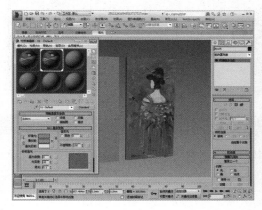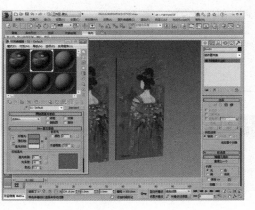

知识链接 如何显示当前层级的贴图

如果为材质的不同通道使用了贴图，在相应的贴图层级下激活在视口中显示贴图按钮，即可显示当前层级的贴图。

Step 07 单击"放入库"按钮，将选择的样本材质放入材质库，并可以在相应的对话框中为材质重新命名，如下左图所示。

Step 08 单击"获取材质"按钮，可打开"材质/贴图浏览器"对话框，在对话框中进入"场景材质"卷展栏，可在下方列表框中查看到之前存入的材质，如下右图所示。

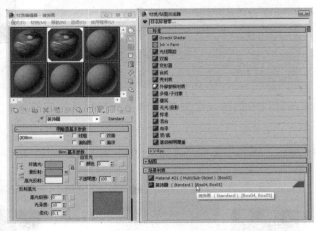

Step 09 选择第二个材质球，然后单击"重置贴图/材质为默认设置"按钮，在弹出的对话框中单击"影响场景和编辑器示例窗中的材质/贴图"单选按钮，再单击"确定"按钮，如下左图所示。

Step 10 单击"确定"按钮后，材质编辑器中当前选择的样本材质将被删除，同时应用了该材质的相应对象也将失去材质，效果如下右图所示。

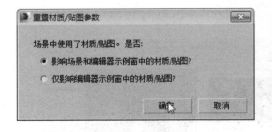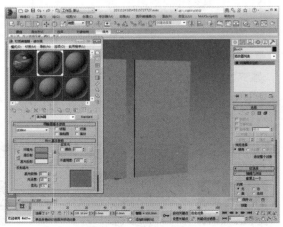

知识链接 移除材质的注意事项

移除材质颜色并设置灰色阴影，将光泽度、不透明度等重置为其默认值。移除指定材质的贴图，如果处于贴图级别，该按钮重置贴图为默认值。

3.参数卷展栏

在材质编辑器中示例窗的下方是材质参数卷展栏，不同的材质类型具有不同的参数卷展栏。在各种贴图层级中，也会出现相应的卷展栏，这些卷展栏可以调整顺序，如右图所示为标准材质类型的卷展栏。

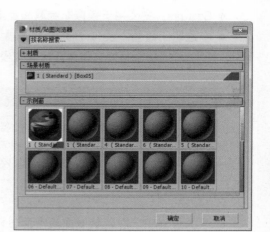

03 材质的管理

材质的管理主要通过"材质/贴图浏览器"对话框实现，可执行制作副本、存入库、按类别浏览等操作，如右图所示即为"材质/贴图浏览器"对话框。

其中各选项的含义介绍如下。

- **文本框**：在文本框中可输入文本，便于快速查找材质或贴图。
- **示例窗**：当选择一个材质类型或贴图时，示例窗中将显示该材质或贴图的原始效果。
- **浏览自**：该选项组提供的选项用于选择材质/贴图列表中显示的材质来源。
- **显示**：可以过滤列表中的显示内容，如不显示材质或不显示贴图。
- **工具栏**：第一部分按钮用于控制查看列表的方式，第二部分按钮用于控制材质库。
- **列表**：在列表中将显示3ds Max预置的场景或库中的所有材质或贴图，并允许显示材质层级关系。

Section 02 材质类型

3ds Max 2014 共提供了16 种材质类型，每一种材质都具有相应的功能，如可以模拟大多数真实世界中的材质的"标准"材质、适合表现金属和玻璃的"光线跟踪"材质等。本节将对具体的材质类型进行详细讲解。

01 "标准"材质

"标准"材质是最常用的材质类型，可以模拟表面单一的材质，为表面建模提供非常直观的方式。使用"标准"材质时可以选择各种明暗器，为各种反射表面设置颜色以及使用贴图通道等，这些设置都可以在参数面板的卷展栏中进行，如右图所示。

1.明暗器

明暗器的主要用于标准材质，可以选择不同的着色类型，以影响材质的显示方式。在"明暗器基本参数″卷展栏中可进行相关设置。

- **各向异性**：可以产生带有非圆、具有方向的高光曲面，适用于制作头发、玻璃或金属等材质。
- **Blinn**：与Phong明暗器具有相同的功能，但它在数学上更精确，是标准材质的默认明暗器。
- **金属**：有光泽的金属效果。
- **多层**：通过层级两个各向异性高光，创建比各向异性更复杂的高光效果。
- **Oren-Nayar-Blinn**：类似Blinn，会产生平滑的无光曲面，常用来模拟织物或陶瓦。
- **Phong**：与Blinn类似，能产生带有发光效果的平滑曲面，但不处理高光。
- **Strauss**：主要用于模拟非金属和金属曲面。
- **半透明明暗器**：类似于Blinn明暗器，但是其还可用于指定半透明度，光线将在穿过材质时散射，可以用于模拟被霜覆盖的和被侵蚀的玻璃。

专家技巧　更改材质的着色类型

更改材质的着色类型时，会丢失新明暗器不支持的任何参数设置（包括指定贴图）。如果要使用相同的常规参数对材质的不同明暗器进行试验，则需要在更改材质的着色类型之前将其复制到不同的示例窗。采用这种方式时，如果新明暗器不能提供所需的效果，则仍然可以使用原始材质。

2．颜色

在真实世界中，对象的表面通常反射许多颜色，标准材质也使用4色模型来模拟这种现象，主要包括环境光、漫反射、高光和过滤。

- **环境光**：环境光是对象在阴影中的颜色。
- **漫反射**：漫反射是对象在直接光照条件下的颜色。
- **高光**：高光是发亮部分的颜色。
- **过滤**：过滤是光线透过对象所透射的颜色。

3．扩展参数

在″扩展参数″卷展栏中提供了透明度和反射相关的参数，通过该卷展栏可以制作更具有真实效果的透明材质，如右图所示为该卷展栏的相关参数。

- **高级透明**：该选项组提供的控件影响透明材质的不透明度衰减等效果。
- **反射暗淡**：该选项组提供的参数可使阴影中的反射贴图显得暗淡。

4．贴图通道

在″贴图″卷展栏中，可以访问材质的各个组件，部分组件还能使用贴图代替原有的颜色，如右图所示。

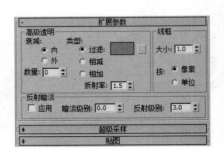

5．其他

″标准″材质还可以通过高光控件组控制表面接受高光的强度和范围，也可以通过其他选项组制作特殊的效果，如线框等。

下面通过具体的实例来介绍"标准"材质的应用。

Step 01 打开"标准材质的应用（原始文件）.max"，效果如下左图所示。

Step 02 打开"材质编辑器"窗口，选择一个样本材质，单击"漫反射"选项对应的色块，然后根据示意图设置颜色，并将其指定给场景中的对象，如下右图所示。

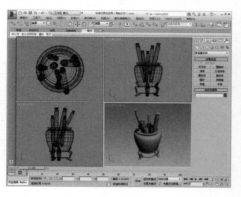 

🔄 **知识链接** 环境光与漫反射

环境光只能在最终渲染时显示，漫反射和高光颜色则可以直接在视口中预览。

Step 03 在"反射高光"选项组中设置相关参数，使材质产生高光效果，如下左图所示。

Step 04 设置高光后，在场景中可直接观察到材质表面产生的高光效果，如下右图所示。

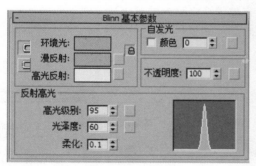 

Step 05 在"材质编辑器"窗口的"明暗器基本参数"卷展栏中勾选"线框"复选框，如下左图所示。

Step 06 在透视视口中观察场景，可查看到应用了该材质的对象其自身的线框也被实体化，如下右图所示。

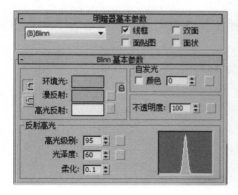 

　　对象表面的高光效果不仅由材质决定，同时还受到灯光强度、入射角度和摄影机观察角度等因素的影响。

02 "建筑"材质

　　"建筑"材质是通过物理属性来调整控制的，与光度学灯光和光能传递配合使用能得到更逼真的效果。3ds Max提供了大量的模板，如玻璃、金属等，如右图所示为建筑材质的相关参数卷展栏。

模板
物理性质
特殊效果
高级照明覆盖
超级采样
mental ray 连接

- 模板：该卷展栏提供了可从中选择材质类型的列表，包含纸、石头等选项。
- 物理性质：在"模板"卷展栏中选择不同的模板后，该卷展栏提供了不同的参数，可以对相应的模板进行设置。
- 特殊效果：通过该卷展栏可以设置指定生成凹凸或位移的贴图，调整光线强度或控制透明度。
- 高级照明覆盖：通过该卷展栏可以调整材质在光能传递解决方案中的行为方式。

03 "合成"材质

　　"合成"材质最多可以合成10种材质，按照在卷展栏中列出的顺序从上到下叠加材质。它可通过增加不透明度、相减不透明度来组合材质，或使用"数量"值来混合材质，如下图所示为"合成"材质的参数卷展栏。

　　其中，各选项的含义介绍如下。

- 基础材质：指定基础材质，其他材质将按照从上到下的顺序，叠加在此材质上合成效果。
- 材质1~材质9：包含用于合成材质的控件。
- A：激活该按钮，该材质使用增加的不透明度，材质中的颜色基于其不透明度进行汇总。
- S：激活该按钮，该材质使用相减不透明度，材质中的颜色基于其不透明度进行相减。
- M：激活该按钮，该材质基于数量混合材质，颜色和不透明度将按照使用无遮罩混合材质时的样式进行混合。
- 数量微调器：用于控制混合的数量，默认设置为100.0。

合成基本参数		
基础材质：（Standard）	合成类型	
☑ 材质 1: 无	A S M	100.0
☑ 材质 2: 无	A S M	100.0
☑ 材质 3: 无	A S M	100.0
☑ 材质 4: 无	A S M	100.0
☑ 材质 5: 无	A S M	100.0

04 "混合"材质

　　"混合"材质可以在曲面的单个面上将两种材质进行混合，并可以用来绘制材质的变形效果，以控制随时间混合两个材质的方式。

"混合"材质主要包括两个子材质和一个遮罩，子材质可以是任何类型的材质，并且可以使用各种程序贴图或位图作为遮罩。"混合"材质的参数面板如右图所示。

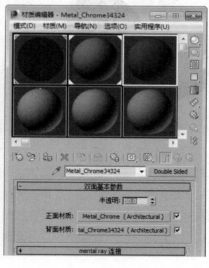

05　"双面"材质

　　使用"双面"材质可以为对象的前面和后面指定两个不同的材质，如下左图所示为只应用了一种材质的茶杯以及应用了双面材质的茶杯。

　　在"双面"材质的相关参数卷展栏中，只包括半透明、正面材质和背面材质3个选项，如下右图所示。

　　其中，各选项的含义介绍如下。

- **半透明**：用于一个材质通过其他材质显示的数量，范围为0%~100%。
- **正面材质**：用于设置正面的材质。
- **背面材质**：用于设置背面的材质。

06　"光线跟踪"材质

　　"光线跟踪"材质是较为复杂的高级表面着色材质类型，不仅支持各种类型的着色，还可以创建完全光线跟踪的反射和折射，甚至支持雾、荧光等特殊效果。

　　"光线跟踪"材质包括了3个主要参数卷展栏，用于控制光线跟踪各种属性和参数，如右图所示，各卷展栏作用如下。

- **光线跟踪基本参数**：该卷展栏控制该材质的着色、颜色组件、反射或折射以及凹凸。
- **扩展参数**：该卷展栏控制材质的特殊效果、透明度属性

以及高级反射率。

● **光线跟踪控制**: 该卷展栏影响光线跟踪器自身的操作,可以提高渲染性能。

⟲ 知识链接 光线跟踪贴图的应用

光线跟踪贴图和"光线跟踪"材质使用表面法线,决定光束是进入还是离开表面。如果翻转对象的法线,可能会得到意想不到的结果。

---

07 "无光/投影"材质

"无光/投影"材质允许将整个对象(或面的任何一个子集)构建为显示当前环境贴图的隐藏对象,如下左图所示为通过"无光/投影"材质在画框中显示的背景贴图。

"无光/投影"材质只有一个参数卷展栏,在其中可以控制光线、大气、阴影和反射等参数,如下右图所示。

 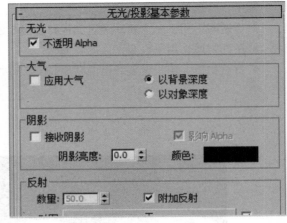

其中,各选项的含义介绍如下。

● **无光**: 用于确定无光材质是否显示在 Alpha 通道中。
● **大气**: 用于确定雾效果是否应用于无光曲面和应用方式。
● **阴影**: 用于确定无光曲面是否接收投射于其上的阴影和接收方式。
● **反射**: 用于确定无光曲面是否具有反射,是否使用阴影贴图创建无光反射。

⟲ 知识链接 "无光/阴影"材质的应用技巧

使用"无光/阴影"材质可以从场景中的非隐藏对象中接收投射在照片上的阴影,还可通过在背景中建立隐藏代理对象并将其放置于简单形状对象前面,可以在背景上投射阴影。

---

08 "多维/子对象"材质

使用"多维/ 子对象"材质可以根据几何体的子对象级别分配不同的材质,如下页顶部左图所示为该材质的应用效果。

"多维/子对象"材质的参数非常简单，只提供了预览子材质的快捷方式和设置子材质数量的参数，如下右图所示为相关卷展栏。

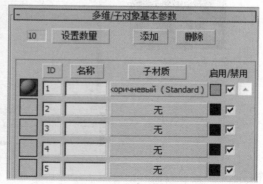

🔄 **知识链接** "多维/子对象"材质的应用

如果对象是可编辑网格，可以拖放材质到该对象上任意面的不同选中部分，并随时构建一个"多维/子对象"材质。

09 "虫漆"材质

"虫漆"材质通过叠加将两种材质进行混合，叠加材质中的颜色称为"虫漆"材质，被添加到基础材质的颜色中，如右图所示为"虫漆"材质制作的车漆。

下面通过实例的形式来介绍"虫漆"材质的应用方法。

Step 01 打开"虫漆材质的应用（原始文件）.max"，效果如下左图所示。

Step 02 直接渲染场景，可以观察到汽车对象应用标准材质的效果，如下右图所示。

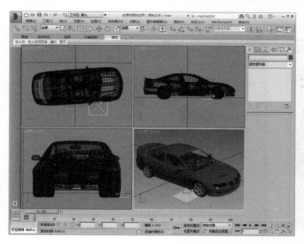

Step 03 打开 "材质编辑器" 窗口, 使用一个新的 "虫漆" 材质, 如下左图所示。

Step 04 在 "虫漆" 材质参数面板中为 "基础材质" 应用标准材质, 为 "虫漆材质" 应用 "光线跟踪" 材质, 如下右图所示。

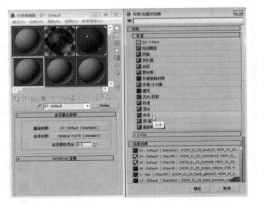

Step 05 在 "基础材质" 层级中为标准材质 "漫反射" 指定 "衰减" 程序贴图, 如下左图所示。

Step 06 在 "衰减" 程序贴图层级中为 "颜色1" 指定 "衰减" 程序贴图, 并设置 "颜色2", 如下右图所示。

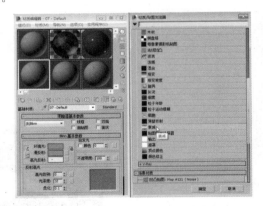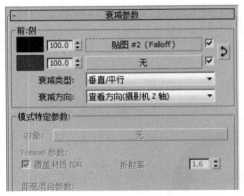

Step 07 在 "颜色1" 的 "衰减" 程序贴图层级中, 根据示意图设置第一个颜色及第二个颜色, 并设置其他参数, 如下左图所示。

Step 08 进入 "虫漆材质" 层级, 为 "漫反射" 和 "反射" 指定 "衰减" 程序贴图, 并设置其他参数, 如下右图所示。

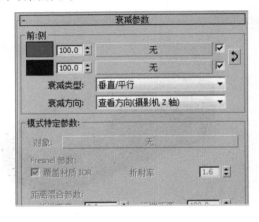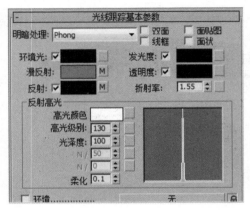

Step 09 将该材质赋予场景中的车身对象，可观察到车漆材质应用效果，如右图所示。

知识链接 材质与贴图的设置技巧

如果禁用光线跟踪反射，可以将反射颜色设置为黑色以外的颜色，并为本地环境使用反射/折射贴图。这样可以实现与标准材质中的反射贴图相同的效果，但会增加渲染时间。

Section 03 贴图

贴图可以模拟纹理、反射、折射及其他特殊效果，可以在不增加材质复杂度的前提下为材质添加细节，有效改善材质的外观和真实感。

01 2D贴图

3ds Max 的贴图可分为2D 贴图、3D 贴图、合成贴图等多种类型，不同的贴图类型产生的效果不同并且有其特定的行为方式。其中2D 贴图是二维图像，一般将其粘贴在几何体对象的表面，或者和环境贴图一样用于创建场景的背景。

3ds Max 2014提供的2D贴图主要包括"位图"、"棋盘格"、"渐变"等7种贴图类型。

1. 位图

"位图"贴图是指将图像以很多静止图像文件格式之一保存为像素阵列，如.tif等格式。3ds Max 支持的任何位图（或动画）文件类型可以用作材质中的位图，如下图所示为"位图"贴图的主要参数卷展栏。

- 过滤：该选项组用于选择抗锯齿位图中平均使用的像素方法。
- 裁剪/放置：该选项组中的控件可以裁剪位图或减小其尺寸，用于自定义放置。
- 单通道输出：该选项组中的控件用于根据输入的位图确定输出单色通道的源。
- Alpha来源：该选项组中的控件用于根据输入的位图确定输出 Alpha通道的来源。

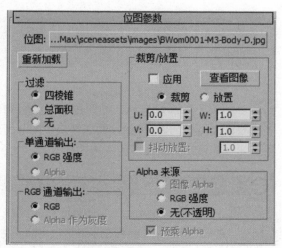

知识链接 查看缺失的位图文件

打开所引用的位图找不到文件时，可能会弹出"缺少外部文件"对话框，在其中可以浏览缺失的文件。

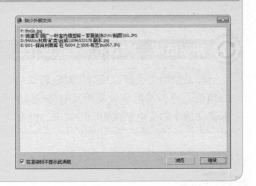

2. 棋盘格

"棋盘格"贴图可以产生棋盘似的、由两种颜色组成的方格图案，并允许贴图替换颜色。
该贴图的卷展栏如下左图所示，各选项的含义介绍如下。

- **柔化**：模糊方格之间的边缘，很小的柔化值就能生成很明显的模糊效果。
- **交换**：单击该按钮可交换方格的颜色。
- **颜色**：用于设置方格的颜色，允许使用贴图代替颜色。

3. Combustion

Combustion 程序贴图需与Autodesk Comb-ustion产品配合使用，如果计算机未安装Autodesk Combustion程序，其参数卷展栏中将有提示，如下右图所示。

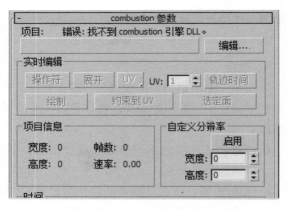

4. 渐变

"渐变"贴图是指从一种颜色到另一种颜色进行着色，可以创建3种颜色的线性或径向渐变效果，如右图所示为该贴图的应用效果。

知识链接 "渐变"贴图的设置技巧

通过将一个色样拖动到另一个色样上可以交换颜色，单击"复制或交换颜色"对话框中的"交换"按钮完成操作。若需要反转渐变的总体方向，则可交换第一种和第三种颜色。

5．渐变坡度

"渐变坡度"贴图可以使用多种颜色、贴图和混合来创建多种渐变效果。

6．漩涡

"漩涡"贴图可以创建两种颜色或贴图的漩涡图案，如右图所示为该贴图的应用效果。

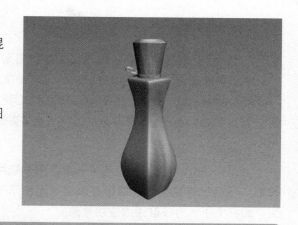

⟳ **知识链接**　漩涡贴图

　　旋涡贴图生成的图案类似于两种冰淇淋的外观。如同其他双色贴图一样，任何一种颜色都可用其他贴图替换，因此大理石与木材也可以生成旋涡。

7．平铺

"平铺"贴图使用颜色或材质贴图创建砖或其他平铺材质。通常包括已定义的建筑砖图案，也可以自定义图案，如右图所示为该贴图的应用效果。

8．坐标

2D贴图都有"坐标"卷展栏，用于调节坐标参数，可以相对于对其应用贴图的对象表面移动贴图，实现其他效果，其展卷栏如右下图所示。

其中，各选项的含义介绍如下。

* **纹理**：用于使用该贴图作为纹理贴图，应用于对象表面。
* **环境**：用于使用贴图作为环境贴图。
* **在背面显示贴图**：勾选该复选框，平面贴图（对象XYZ平面，或使用"UVW贴图"修改器）穿透投影，渲染在对象背面上。
* **使用真实世界比例**：勾选该复选框，使用真实"宽度"和"高度"值而不是 UV值将贴图应用于对象。

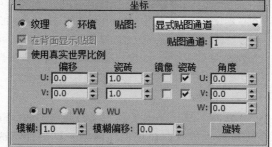

* **偏移**：在UV坐标中更改贴图的位置，移动贴图以符合它的大小。
* **瓷砖**：决定贴图沿每根轴瓷砖（重复）的次数。
* **镜像**：从左至右（U轴）或从上至下（V轴）进行镜像。
* **（镜像）瓷砖**：在U轴或V轴中启用或禁用瓷砖。
* **角度**：用于设置绕U、V或W轴旋转贴图。
* **模糊**：以贴图离视图的距离决定贴图的锐度或模糊度，贴图距离越远，则越模糊。
* **模糊偏移**：设置贴图的锐度或模糊度，与贴图离视图的距离无关。

02　3D贴图

　　3D 贴图是根据程序以三维方式生成的图案，拥有通过指定几何体生成的纹理。如果将指定纹理的对象切除一部分，那么切除部分的纹理与对象其他部分的纹理相一致。

　　3ds Max 2014一共提供了15种预置的3D程序贴图，如"凹痕"、"衰减"等，下面进行简单介绍。此外，3ds Max支持安装插件提供的更多贴图。

1．细胞

　　"细胞"贴图可生成用于各种视觉效果的细胞图案，包括马赛克瓷砖、鹅卵石表面甚至海洋表面，如右图所示为该贴图的应用效果。

> **知识链接　细胞效果的展现**
>
> 　　"材质编辑器"示例窗不能很清楚地展现细胞效果，将贴图指定给几何体并渲染场景会得到想要的效果。

2．凹痕

　　"凹痕"贴图根据分形噪波产生随机图案，在曲面上生成三维凹凸效果，图案的效果取决于贴图类型，如右图所示为该贴图的应用效果。

> **知识链接　"凹痕"贴图的应用**
>
> 　　"凹痕"贴图主要设计为用作"凹凸"贴图，其默认参数就是对这个用途的优化。用作"凹凸"贴图时，"凹痕"贴图在对象表面提供三维凹痕效果，可编辑参数控制大小、深度和凹痕效果的复杂程度。

3．衰减

　　"衰减"程序贴图是基于几何曲面上面法线的角度衰减生成从白色到黑色的值。在创建不透明的衰减效果时，"衰减"贴图提供了更大的灵活性，如右图所示为该贴图的应用效果。

> **知识链接　"距离混合"衰减方式**
>
> 　　"距离混合"衰减方式在"近端距离"和"远端距离"之间进行调节，用途包括减少大地形对象上的抗锯齿和控制非照片真实级环境中的着色。

4. 大理石

3ds Max提供了"大理石"和"Perlin 大理石"两种类似大理石纹理的程序贴图，可以通过不同的算法生成不同类型的大理石图案，如下左图所示为"Perlin 大理石"程序贴图的应用效果。

5. 噪波

"噪波"贴图基于两种颜色或材质的交互创建曲面的随机扰动，创建三维形式的湍流图案，如下右图所示为该贴图的应用效果。

6. 粒子系列

3ds Max 提供了用于粒子的"粒子年龄"和"粒子模糊"两种程序贴图，可以控制粒子的漫反射效果和运动模糊效果。

🔄 知识链接 粒子系列的应用

"粒子年龄"通常和"粒子运动模糊"贴图一起使用，例如将"粒子年龄"指定给漫反射贴图，而将"粒子运动模糊"指定为不透明贴图。

7. 行星

"行星"程序贴图可以模拟空间角度的行星轮廓，使用分形算法可模拟卫星表面颜色的3D贴图。

8. 斑点

"斑点"程序贴图用于生成斑点的表面图案，用于"漫反射"贴图和"凹凸"贴图，以创建类似花岗岩的表面和其他图案表面的效果，如右图所示为该贴图的应用效果。

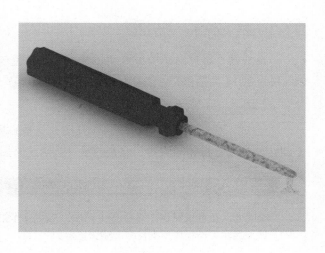

9. 烟雾

"烟雾"程序贴图是生成无序、基于分形的湍流图案的3D贴图，其主要用于设置动画的不透明贴图，以模拟一束光线中的烟雾效果或其他云状流动贴图效果。

10. 泼溅

"泼溅"程序贴图可生成类似于泼墨画的分形图案，对于漫反射贴图创建类似泼溅的图案效果，如下左图所示为该贴图的应用效果。

11. 灰泥

"灰泥"程序贴图可生成类似于灰泥的分形图案，该图案对于凹凸贴图创建灰泥表面或者脱落效果非常有用，如下右图所示为该贴图的应用效果。

12. 木材

"木材"程序贴图可将整个对象体积渲染成波浪纹图案，可以控制纹理的方向、粗细和复杂度，如右图所示为该贴图的应用效果。该贴图主要把木材用作漫反射颜色贴图，将指定给"木材"的两种颜色进行混合，可以使其形成纹理图案。可以使用其他贴图来代替其中任意一种颜色。

13. 波浪

"波浪"程序贴图生成水花或波纹效果，生成一定数量的球形波浪中心并将它们随机分布在球体上，可控制波浪组数量、振幅和波浪速度。

03 "合成器"贴图

"合成器"程序贴图类型专用于合成其他颜色或贴图，是指将两个或多个图像叠加以将其组合。3ds Max 2014 共提供4 种该类型的3D 程序贴图。

1. 合成

"合成"程序贴图可以合成多个贴图，这些贴图使用Alpha通道彼此覆盖。与"混合"程序贴图不同，"合成"程序贴图对于混合的量没有明显的控制。

👤 **专家技巧**　多个贴图的显示

视口可以在合成贴图中显示多个贴图。对于多个贴图显示，显示驱动程序必须是OpenGL或者Direct 3D。软件显示驱动程序不支持多个贴图显示。

2．遮罩

使用"遮罩"程序贴图，可以在曲面上通过一种材质查看另一种材质，将遮罩控制应用到曲面的第二个贴图的位置。遮罩贴图的展卷栏如下左图所示。

3．混合

"混合"程序贴图可混合两种颜色或两种贴图，将两种颜色或材质合成在曲面的一侧，可以使用指定混合级别调整混合的量。混合贴图的展卷栏如下右图所示。

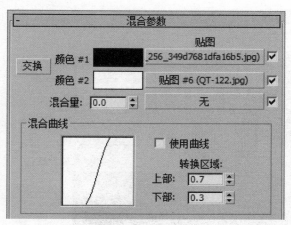

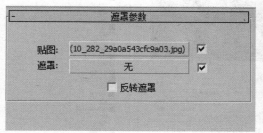

4．RGB倍增

使用"RGB 倍增"程序贴图可以通过RGB和Alpha 值组合两个贴图，通常用于凹凸贴图，如右图所示为该贴图的应用效果。

04 "颜色修改器"贴图

使用"颜色修改器"程序贴图可以改变材质中像素的颜色，3ds Max 2014 共提供4种该类型程序贴图。

1．颜色修正

"颜色修正"贴图是3ds Max 2014中新增的贴图类型，提供了一组工具可基于堆栈的方法修改校正颜色，具有对比度、亮度等色彩基本信息的调整功能。

2．输出

"输出"程序贴图可将位图输出功能应用到没有这些设置的参数贴图中。

3．RGB染色

"RGB染色"程序贴图可调整图像中3种颜色通道的值，3种色样代表3种通道，更改色样可以调整其相关颜色通道的值。

4. 顶点颜色

"顶点颜色"程序贴图可渲染对象的顶点颜色，可以使用顶点绘制修改器、指定顶点颜色工具指定顶点颜色，也可以使用可编辑网格顶点控件、可编辑多边形顶点控件或者可编辑多边形顶点控件指定顶点颜色。

下面通过实例介绍"颜色修正"贴图的应用。

Step 01 打开"颜色修正贴图的应用（原始文件）.max"，效果如下左图所示。

Step 02 打开"材质编辑器"窗口，为图书封面使用的材质的"漫反射"指定"颜色修正"程序贴图，如下右图所示。

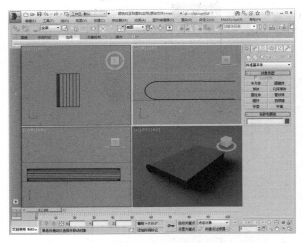 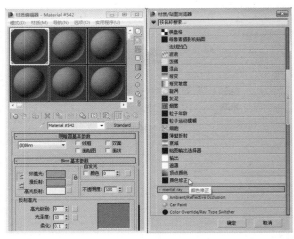

Step 03 在"颜色修正"程序贴图层级设置颜色，如下左图所示。

Step 04 渲染场景，可以观察到对象表面的颜色应用效果，如下右图所示。

> **知识链接** 关于颜色修正贴图的应用
>
> "颜色修正"贴图的亮度设置提供了基本和高级两种模式，在高级模式下可以对每个通道进行亮度调整。

Step 05 为"颜色修正"程序贴图层级的贴图通道指定位图,选择如下左图所示的贴图文件。

Step 06 再次渲染场景,可观察到对象表面应用贴图的效果,如下右图所示。

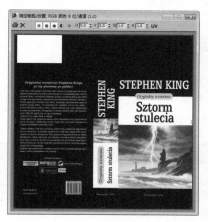 

Step 07 在"基本参数"卷展栏中单击"单色"单选按钮,如下左图所示。

Step 08 再次渲染场景,可以观察到贴图的颜色变为单色,如下右图所示。

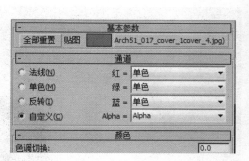 

🔄 **知识链接** 颜色修正贴图的设置

　　颜色修正贴图支持RGB颜色通道的设置,允许将不同的通道进行不同的模式调整,如将红色通道进行反相。

Step 09 在"基本参数"卷展栏中单击"单色"单选按钮,如下左图所示。

Step 10 渲染场景,可观察到贴图被更改色相和饱和度后的应用效果,如下右图所示。

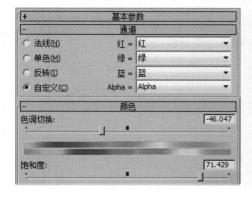 

05　其他贴图

其他类型贴图包括常用的多种反射、折射类贴图和摄影机每像素、法线凹凸等程序贴图。

1．平面镜

"平面镜"程序贴图可应用于共面集合时生成反射环境对象的材质，通常应用于材质的反射贴图通道。

2．光线跟踪

"光线跟踪"程序贴图可以提供全部光线跟踪反射和折射效果，光线跟踪对渲染 3ds Max场景进行优化，并且通过将特定对象或效果排除于光线跟踪之外进一步优化场景，如下左图所示。

> **知识链接**　光线跟踪贴图的应用
>
> "光线跟踪"贴图并不总是在正交视口（左、前等）正常运行，它也可以在透视视口和摄影机视口中正常运行。

3．反射/折射

"反射/折射"程序贴图可生成反射或折射表面，如下右图所示。要创建反射效果，将该贴图指定到反射通道。要创建折射效果，将该贴图指定到折射通道。

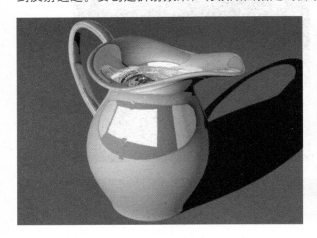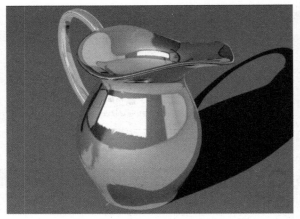

4．薄壁折射

"薄壁折射"程序贴图可模拟缓进或偏移效果，得到如同透过玻璃看到的图像。该贴图的速度更快，占用内存更少，并且提供的视觉效果要优于"反射/折射"贴图。

5．摄影机每像素

"摄影机每像素"程序贴图可以从特定的摄影机方向投射贴图，通常使用图像编辑应用程序调整渲染效果，然后将这个调整过的图像用作投射回3D几何体的虚拟对象。

6．法线凹凸

"法线凹凸"程序贴图可以指定给材质的凹凸组件、位移组件或两者，使用位移的贴图可以更正看上去平滑失真的边缘，并会增加几何体的面。

设计师训练营 为场景模型赋予材质

本节将介绍如何为欧式卫生间场景中的所有对象设置材质。下面对其具体操作进行介绍。

1. 设置米黄洞石材质

本场景中的墙体使用了米黄洞石，这是一种天然石材，质地较硬，肌理丰富，防火、防水、防腐。具体操作步骤如下。

Step 01 进入显示命令面板，在"按类别隐藏"卷展栏中勾选"图形"、"灯光"及"摄影机"复选框，则场景中此类物体将会被隐藏，便于观察场景，如下左图所示。

Step 02 打开"材质编辑器"窗口，创建名为"米黄洞石"的VRayMtl材质，设置反射颜色为灰色（色调：0；饱和度：0；亮度：55），并设置反射参数，如下右图所示。

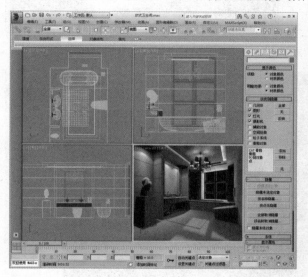
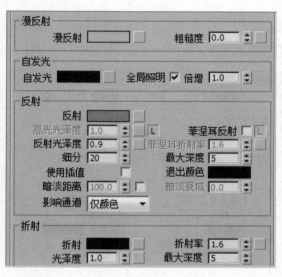

Step 03 打开"贴图"卷展栏，为漫反射通道添加位图贴图，如下左图所示。

Step 04 将"米黄洞石"材质指定给场景中的墙体、浴缸外墙等部分，为其添加UVW贴图并设置贴图参数，如下右图所示。

Step 05 取消隐藏窗帘，渲染摄影机视口，可以看到添加墙体材质的效果，如右图所示。

2．设置亚克力材质

场景中的各种洁具常使用亚克力制作，它是一种特殊的有机玻璃，是继陶瓷之后被广泛用于卫生洁具生产的新型材料。下面介绍一下亚克力材质的设置方法。

Step 01 创建名为"白色亚克力"的VRayMtl材质球，设置漫反射颜色为白色（色调：0；饱和度：0；亮度：245），反射颜色为灰色（色调：0；饱和度：0；亮度：55），并设置反射参数，如下左图所示。

Step 02 选择场景中的马桶、浴缸等物体，将材质指定给对象，如下右图所示。

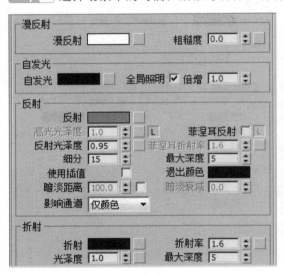

Step 03 渲染摄影机视口，效果如右图所示。

3．设置瓷器材质

本场景中分别有黑色和白色两种瓷器，下面介绍材质创建的操作步骤。

Step 01 创建名为"黑色瓷器"的VRayMtl材质球，设置漫反射颜色为深灰色（色调：0；饱和度：0；亮度：15），反射颜色为灰色（色调：0；饱和度：0；亮度：45），并设置反射参数，如下页顶部左图所示。

Step 02 创建名为"白色瓷器"的VRayMtl材质球，设置漫反射颜色为白色（色调：0；饱和度：0；亮度：230），反射颜色为灰色（色调：0；饱和度：0；亮度：35），并设置反射参数，如下页顶部右图所示。

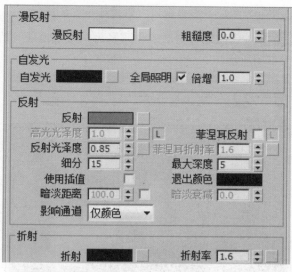

Step 03 选择场景中花盆和花瓶等，将创建好的材质指定给对象，渲染摄影机视口，效果如右图所示。

4．设置地面材质

本场景中的地面采用黄色地砖，此材质具有质地坚实、便于清理、耐热、耐磨、耐酸碱、不渗水等优点，地毯是使用的羊毛地毯，色彩较为艳丽，有效地点缀了场景。下面介绍地砖及地毯材质的创建方法。

Step 01 创建地砖材质。创建名为"地砖"的VRay-Mtl材质球，设置反射颜色为灰色（色调：0；饱和度：0；高光：60），设置反射参数，并为漫反射通道添加位图贴图，如下左图所示。

Step 02 将"地砖"材质指定给场景中的地面对象，为其添加UVW贴图并设置贴图坐标尺寸，如下右图所示。

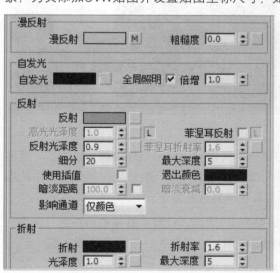

Step 03 渲染摄影机视口，效果如下左图所示。

Step 04 创建地毯材质。创建名为"羊毛地毯"的VRayMtl材质球，为漫反射通道添加位图贴图，如下右图所示。

 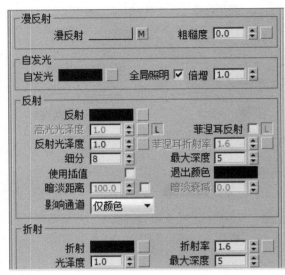

Step 05 将"羊毛地毯"材质指定给场景中的地毯，依次为其添加"涡轮平滑"、"VRay置换模式"及"UVW贴图"，并设置UVW贴图坐标尺寸，如下左图所示。

Step 06 渲染摄影机视口，效果如下右图所示。

5. 设置洗手台材质

本场景的洗手台和浴缸台面都使用雅士白石材。它是一种大理石，矿物成分简单，易加工，镜面效果比较好。镜框、洗手台及浴缸上的水龙头为不锈钢材质，具有很好的反射效果。另外场景中的镜子采用的是银镜，展现出高质量的品味及时代的气息。下面讲解其设置方法。

Step 01 设置雅士白石材材质。创建名为"雅士白"的VRayMtl材质球，设置反射颜色为灰色（色调：0；饱和度：0；高光：45），设置反射参数，并为漫反射通道添加位图贴图，如下页顶部左图所示。

Step 02 将"雅士白"材质指定给场景中的指定对象，并添加UVW贴图，如下页顶部右图所示。

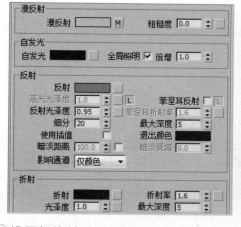

Step 03 设置银镜材质。创建名为"银镜"的VRayMtl材质球，设置漫反射为灰色（色调：0；饱和度：0；高光：100），反射颜色为灰白色（色调：0；饱和度：0；高光：200），如下左图所示。

Step 04 设置不锈钢材质。创建名为"不锈钢"的VRayMtl材质球，设置漫反射为灰色（色调：0；饱和度：0；高光：50），反射颜色为浅灰色（色调：0；饱和度：0；高光：115），并设置反射参数，如下右图所示。

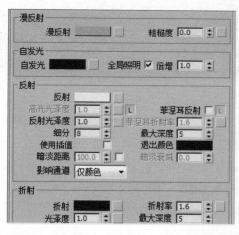
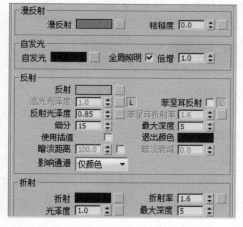

Step 05 分别将创建的材质指定给场景中的对象，如下左图所示。

Step 06 渲染摄影机视口，效果如下右图所示。

6．设置石膏材质

本场景中的雕塑是石膏材质，石膏作为一种雕塑材质，一直广泛用于复古雕塑，其纯白色的质地被公认为古典主义最理想的代表。下面介绍石膏材质的设置方法。

Step 01 创建名为"石膏"的VRayMtl材质球，设置漫反射为白色（色调：0；饱和度：0；高光：250），反射颜色为浅灰色（色调：0；饱和度：0；高光：25），并设置反射参数，如下左图所示。

Step 02 将材质赋予到雕塑对象，渲染摄影机视口，效果如下右图所示。

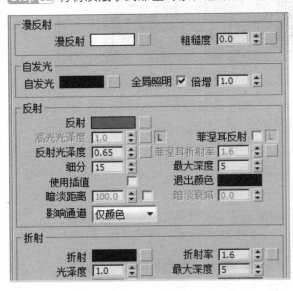 

7．设置窗帘材质

场景中使用的窗帘透光性比较好，这样阳光能够充分地进入室内。下面介绍创建材质的设置方法，具体操作步骤如下。

Step 01 创建名为"窗帘"的VRayMtl材质球，设置漫反射为白色（色调：0；饱和度：0；高光：245），折射颜色为浅灰色（色调：0；饱和度：0；高光：80），如下左图所示。

Step 02 在场景中选择对象，为其赋予材质，渲染摄影机视口，效果如下右图所示。

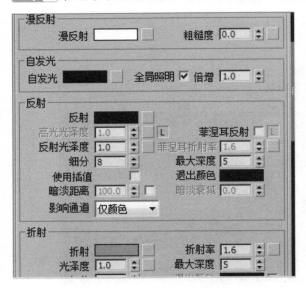 

8．设置吊顶及灯具材质

场景中的吊顶材质为白色乳胶漆，其材质设置较为简单，而吊灯材质比较复杂，灯罩、灯座的材质各不相同。下面对其创建方法进行介绍。

Step 01 创建名为"白色乳胶漆"的VRayMtl材质球，设置漫反射为米黄色（色调：0；饱和度：0；高光：250），如下左图所示。

Step 02 创建名为"灯罩"的VRayMtl材质球，设置漫反射为米黄色（色调：25；饱和度：100；高光：255），反射颜色为灰色（色调：0；饱和度：0；高光：25），折射颜色为浅灰色（色调：0；饱和度：0；高光：60），并设置反射参数，如下右图所示。

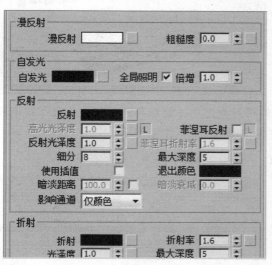

Step 03 再创建名为"黄铜"的VRayMtl材质球，设置漫反射为黄色（色调：30；饱和度：120；高光：250），反射颜色为灰色（色调：0；饱和度：0；高光：20），并设置反射参数，如下左图所示。

Step 04 创建名为"室外风景"的VR灯光材质球，为其添加位图贴图并设置颜色强度值，如下右图所示。

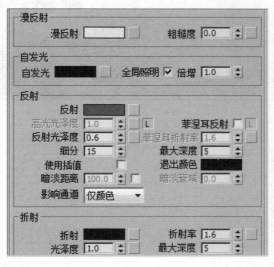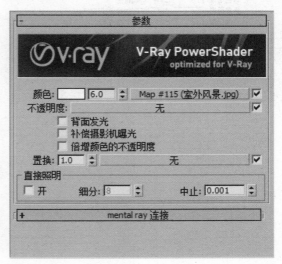

Step 05 最后再使用为漫反射通道添加位图贴图的方法创建盆栽花叶的材质，为场景中剩余的物体添加材质，如下页顶部左图所示。

Step 06 渲染摄影机视口，可以看到场景效果中出现了过度曝光，整体光线偏强，如下页顶部右图所示。

Step 07 调整室外VR灯光补光强度值，再调整室内灯槽灯光强度，最后打开"渲染设置"对话框，在"V-Ray::颜色贴图"卷展栏中调整暗色倍增值及亮度倍增值，如下左图所示。

Step 08 再次渲染摄影机视口，可以看到整体亮度适宜，不再有过度曝光现象，如下右图所示。

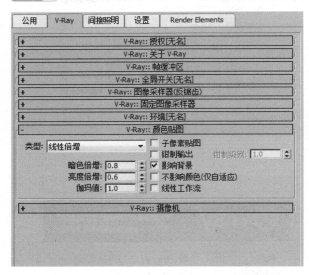

课后练习

1. 选择题

（1）金属材质的选项为（　　）。

 A. Blinn   B. Phong

 C. 金属   D. 多层

（2）以下不属于 3ds Max 标准材质中贴图通道的是（　　）。

 A. 凹凸   B. 反射

 C. 混合   D. 附加光

（3）制作场景中镜子的反射效果，应在"材质与贴图浏览器"对话框中选择（　　）贴图方式。

 A. 位图   B. 平面镜像

 C. 水   D. 木纹

（4）透明贴图文件的（　　）表示完全透明。

 A. 白色   B. 黑色

 C. 灰色   D. 黑白相间

（5）在默认情况下，渐变色（Gradient）贴图的颜色有（　　）。

 A. 1 种   B. 2 种

 C. 3 种   D. 4 种

2. 填空题

（1）"渐变"贴图的扩展性非常强，有_____和_____两种类型。

（2）单击"材质编辑器"水平工具栏中的_____按钮，可以将已经设计好的材质赋予场景中的所选对象。

（3）_____材质是指已经出现在场景中的材质，非同步材质是指所有未使用过的材质。

（4）编辑透明材质需要对_____卷展栏中的"不透明度"参数进行控制，并在_____卷展栏中设置透明的附加选项。

3. 上机题

利用本章所学知识，练习"多维/子材质"材质的应用，其效果如下图所示。

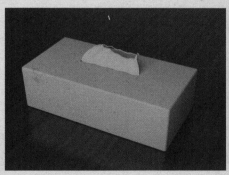 

操作提示

没有指定给对象或对象曲面的子材质可以通过清理多维材质工具来从多维子对象材质中清理出去。

Chapter

07

渲染技术

    本章将全面讲解有关渲染的知识，如渲染命令、渲染类型以及各种渲染的关键设置，同时还将介绍VRay渲染器。通过对本章内容的学习，读者可以掌握有关渲染的操作方法与技巧。

重点难点
- 渲染输出设置
- 默认渲染器的设置
- VRay渲染器的特点
- VRay渲染器的应用

Section 01 渲染基础知识

渲染是3ds Max工作流程的最后一步，可以将颜色、阴影、大气等效果加入到场景中，使场景的几何体着色。完成渲染后可以将渲染结果保存为图像或动画文件。

01 渲染帧窗口

在3ds Max中进行渲染，都是通过"渲染帧窗口"来查看和编辑渲染结果的。3ds Max 2014的渲染帧窗口整合了相关的渲染设置，功能比以前的版本更加强大。如下图所示为新的渲染帧窗口。

- **保存图像**：单击该按钮，可保存在渲染帧窗口中显示的渲染图像。
- **复制图像**：单击该按钮，可将渲染图像复制到系统后台的剪切板中。
- **克隆渲染帧窗口**：单击该按钮，将创建另一个包含显示图像的渲染帧窗口。
- **打印图像**：单击该按钮，可调用系统打印机打印当前渲染图像。
- **清除**：单击该按钮，可将渲染图像从渲染帧窗口中删除。
- **颜色通道**：可控制红、绿、蓝以及单色和灰色等颜色通道的显示。
- **切换UI叠加**：激活该按钮后，当使用渲染范围类型时，可以在渲染帧窗口中渲染范围框。
- **切换UI**：激活该按钮后，将显示渲染的类型、视口的选择等功能面板。

02 渲染输出设置

在"渲染设置"对话框中，不仅可以设定场景的输出时间范围、输出大小，也可以选择输出文件的格式。如右图所示为相关的参数面板。

- **时间输出**：在该选项组中可选择要渲染的具体帧。
- **输出大小**：在该选项组中可选择一个预定义的输出大小或自定义大小来影响图像的纵横比。

右击渲染帧窗口时，会显示渲染和光标位置的像素信息，如右图所示。

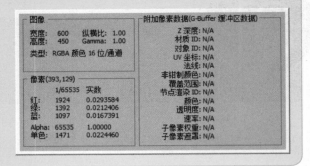

03 渲染类型

在默认情况下，直接执行渲染操作，可渲染当前激活视口，如果需要渲染场景中的某一部分，可以使用3ds Max提供的各种渲染类型来实现。3ds Max 2014将渲染类型整合到了"渲染设置"对话框中，如右图所示。

1．视图

"视图"为默认的渲染类型，执行"渲染 > 渲染"命令，或单击工具栏中的"渲染产品"按钮，即可渲染当前激活视口。

2．选定对象

在"要渲染的区域"选项组中，选择"选定对象"选项进行渲染，将仅渲染场景中被选择的几何体，渲染帧窗口的其他对象将保持完好。

3．区域

选择"区域"选项，在渲染时会在视口中或渲染帧窗口中出现范围框，此时会仅渲染范围框内的场景对象。

4．裁剪

选择"裁剪"选项，可通过调整范围框，将范围框内的场景对象渲染输出为指定的图像大小。

5．放大

选择"放大"选项，可渲染活动视口内的区域并将其放大以填充渲染输出窗口。

如果渲染图像尺寸过大，会弹出对话框，提示创建位图时发生错误或内存不足，此时可以启用位图分页程序来解决该问题。

默认渲染器的设置

在"渲染设置"对话框中，除了可以进行输出的相关设置外，还可以对渲染工作流程进行全局控制，如更换渲染器、控制渲染内容等，同时还可以对默认的扫描线渲染器进行相关设置。

01 渲染选项

在"选项"选项组中，可以控制场景中的具体元素是否参与渲染，如大气效果或是渲染隐藏几何体对象等。如右图所示为相关的参数面板。

- **大气**：勾选该复选框，将渲染所有应用的大气效果。
- **效果**：勾选该复选框，将渲染所有应用的渲染效果。
- **置换**：勾选该复选框，将渲染所有应用的置换贴图。
- **视频颜色检查**：勾选该复选框，可检查超出NTSC或PAL安全阈值的像素颜色，标记这些像素颜色并将其改为可接受的值。
- **渲染为场**：勾选该复选框，为视频创建动画时将视频渲染为场。
- **渲染隐藏几何体**：勾选该复选框，将渲染包括场景中隐藏几何体在内的所有对象。
- **区域光源/阴影视作点光源**：勾选该复选框，将所有的区域光源或阴影当作是从点对象所发出的进行渲染。
- **强制双面**：勾选该复选框，可渲染所有曲面的两个面。
- **超级黑**：勾选该复选框，可以限制用于视频组合的渲染几何体的暗度。

知识链接 渲染文件的保存

在完成渲染后保存文件时，只能将其保存为各种位图格式。如果保存为视频格式，将只有一帧的图像。

02 抗锯齿过滤器

抗锯齿过滤器可以平滑渲染时产生的对角线或弯曲线条的锯齿状边缘。在最终渲染和需要保证图像质量的样图渲染时，都需要启用该选项。

3ds Max 2014提供了多种抗锯齿过滤器，如下页图所示。

- Blackman：清晰但没有边缘增强效果的25像素过滤器。
- Catmull-Rom：具有轻微边缘增强效果的25像素重组过滤器。
- Cook变量：一种通用过滤器。参数值在1~2.5之间可以使图像清晰；更高的值将使图像模糊。
- Mitchell-Netravali：两个参数的过滤器；在模糊、圆环化和各向异性之间交替使用。

- **混合**：在清晰区域和高斯柔化过滤器之间混合。
- **立方体**：基于立方体样条线的25像素模糊过滤器。
- **清晰四方形**：来自 Nelson Max 的清晰9像素重组过滤器。
- **区域**：使用可变大小的区域过滤器来计算抗锯齿。
- **柔化**：可调整高斯柔化过滤器，用于适度模糊。
- **视频**：针对NTSC和PAL视频应用程序进行了优化的25像素模糊过滤器。
- **图版匹配/MAX R2**：使用3ds Max R2.x的方法（无贴图过滤），将摄影机和场景或无光/投影元素与未过滤的背景图像相匹配。
- **四方形**：基于四方形样条线的9像素模糊过滤器。

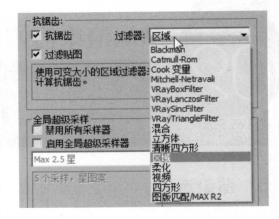

VRay 渲染器

在实际应用中，3ds Max自身的渲染功能有时候不能完全满足用户的各种需要，默认的扫描线渲染器渲染的结果往往不能满足高品质CG动画的画面要求，这时就需安装其他渲染器。

VRay渲染器是最常用的外挂渲染器之一，支持的软件偏向于建筑和表现行业，如3ds Max、SketchUp、Rhino等。其因渲染速度快、渲染质量高的特点得到了大多数行业设计师的青睐。

01 认识VRay渲染器

VRay使用全局照明的算法对场景进行多次光线照明传播，使用不同的全局光照引擎计算不同类型的场景，从而使渲染质量和渲染速度达到理想的平衡。

- **Irradiance map（发光图）**：该全局光照引擎基于发光缓存技术，计算场景中某些特定点的间接照明，然后对其他点进行差值计算。
- **Brute force（直接照明）**：直接对每个着色点进行独立计算，虽然很慢，但这种引擎非常准确，特别适用于有许多细节的场景。
- **Photon map（光子贴图）**：是基于追踪从光源发射出来并能在场景中来回反弹的光子，特别适用于存在大量灯光和较少窗户的室内或半封闭场景。
- **Light cache（灯光缓存）**：建立在追踪摄影机可见的光线路径基础上，每次光线反弹都会储存照明信息，与光子贴图类似，但具有更多的优点。

1. VRay灯光

VRay支持3ds Max的大多数灯光类型，但渲染器自带的VRay灯光是VRay场景中最常用的灯光类型，该灯光可以作为球体、半球和面状发射光线。VRay灯光的面积越大、强度越高、距离对象越近，对象的受光越多。

关于灯光的一种理论是将灯光看作称为光子的离散粒子，光子从光源发出直到遇到场景中的某一曲面，根据曲面的材质，一些光子被吸收，另一些光子则被散射回环境中。

2．VRay材质

VRay材质通过颜色来决定对光线的反射和折射程度，同时也提供了多种材质类型和贴图，使渲染后的场景效果在细节上的表现更完美。

作为独立的渲染器插件，VRay在支持3ds Max的同时，也提供了自身的灯光材质和渲染算法，可以得到更好的画面计算质量。

02　使用VRay渲染器渲染场景

在学习了前面的内容后，接下来通过一个具体的渲染实例来讲解VRay渲染器的使用方法，其具体操作过程介绍如下。

Step 01 打开"使用VRay渲染器渲染场景（原始文件）.max"，如下左图所示。

Step 02 渲染场景，可观察到默认渲染器的渲染效果，如下右图所示。

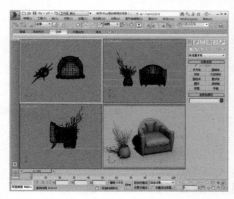 

Step 03 在"渲染设置"对话框中，更换渲染器为VRay渲染器，如下左图所示。

Step 04 在顶视口中进行日光的创建，创建效果如下右图所示。

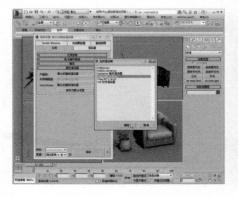 

Step 05 打开"渲染设置"对话框，切换到"间接照明"选项卡中，选择全局照明引擎为"发光图"，如下左图所示。

Step 06 在"发光图"引擎的参数卷展栏中选择预置质量参数，如下右图所示。

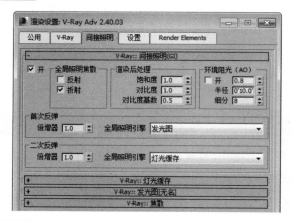 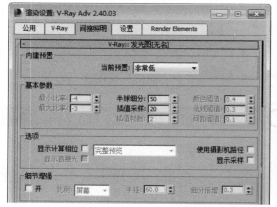

Step 07 展开"灯光缓存"卷展栏，在其中设置该全局照明引擎的参数，如下左图所示。

Step 08 渲染场景，可观察到应用全局照明后场景得到了更好的照明效果，生成了柔和的阴影，如下右图所示。

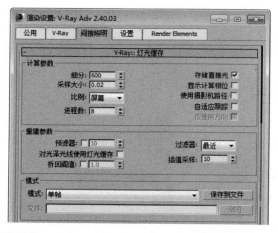 

Step 09 切换到V-Ray选项卡，展开"颜色贴图"卷展栏，设置所需的曝光参数，如下左图所示。

Step 10 渲染场景，可观察到设置VRay曝光参数后的效果，如下右图所示。

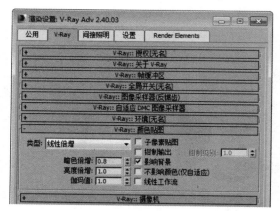 

Step 11 在"图像采样器"卷展栏中，选择图像的采样类型并启用抗锯齿过滤器，如下左图所示。

Step 12 再次渲染场景，可观察到设置较高的图像采样质量参数后，得到了较好的画面效果，如下右图所示。

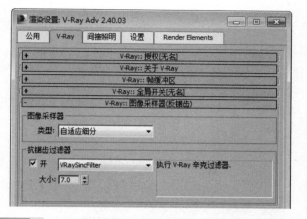

Step 13 可以看到场景中的光线仍然较强，对天光参数进行调整，如下左图所示。

Step 14 再次渲染场景，可观察到调整后的最终效果，如下右图所示。

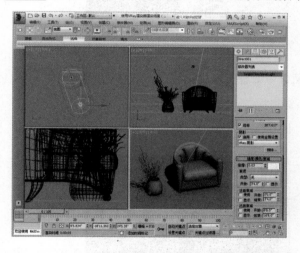

知识链接 VRay的曝光方式

　　VRay的曝光方式主要用于控制场景中较暗或较亮区域的明度。VRay的曝光方式包括线性曝光、指数曝光等多种曝光方式。

设计师训练营 **书房一角效果的制作**

　　本节将介绍如何在3ds Max中打开已经创建完成的书房一角场景模型，并在此基础上进行摄影机、光源、材质的创建与渲染。

01 创建摄影机

下面讲解如何在3ds Max中打开并检测已经创建完成的场景模型，以及如何创建摄影机并确定理想的观察角度。具体操作步骤如下。

Step 01 执行"文件>打开"命令，打开"设计师训练营——书房（原始文件）.max"，创建完成的场景模型将在3ds Max 2014中打开，如下左图所示。

Step 02 在摄影机创建命令面板中单击"目标"按钮，在顶视口中拖动创建一架摄影机，如下右图所示。

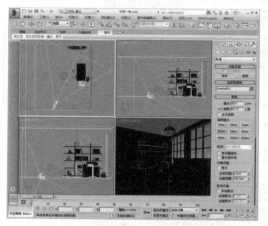

Step 03 调整摄影机角度及高度，并在其修改命令面板中设置摄影机的参数，如下左图所示。

Step 04 选择透视视口，在键盘上按C键即可进入摄影机视口，如下右图所示。

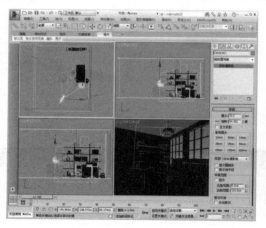

02 创建并设置光源

下面讲解户外环境光源的设置，此场景中使用一盏平行光作为太阳光源，放置于窗户外侧，这样从窗户处就能射入户外光线。具体操作步骤如下。

Step 01 单击标准灯光创建命令面板中的"目标平行光"按钮，在前视口中创建一盏平行光，如下页顶部左图所示。

Step 02 选择灯光，进入其修改命令面板，调整灯光位置及角度，设置灯光参数，如下页顶部右图所示。

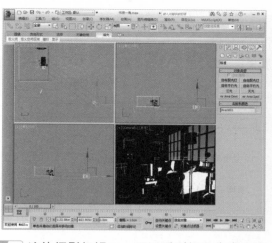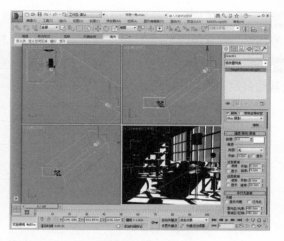

Step 03 渲染摄影机视口，可以看到场景中有了来自户外的光线，效果如下左图所示。

Step 04 调整灯光颜色为浅黄色，模拟黄昏的太阳光，再增加灯光强度，如下右图所示。

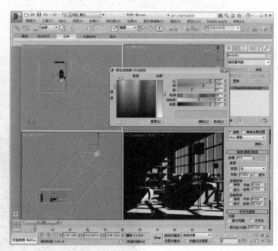

Step 05 再次渲染摄影机视口，可以看到环境光线变成了淡淡的黄色，有了黄昏的感觉，效果如下左图所示。

Step 06 打开"环境和效果"对话框，为背景添加渐变材质，如下右图所示。

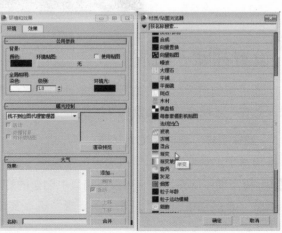

Step 07 将材质拖到"材质编辑器"窗口中的空白材质球上，为其命名为"天空"，在"渐变参数"卷展栏中，设置颜色1为深蓝色，颜色2为浅蓝色，颜色3为白色，其余设置保持默认，如下左图所示。

Step 08 为颜色1添加烟雾材质，在"烟雾参数"卷展栏中，设置颜色1为深蓝色，颜色2为白色，并设置其他参数，如下右图所示。

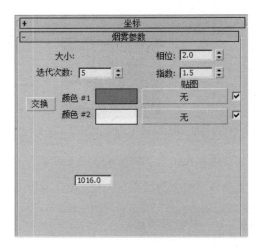

Step 09 返回到场景，渲染摄影机视口，效果如下图所示。

03 设置并赋予材质

下面讲解如何为场景中的所有对象分别设置材质。材质的设置是制作效果图的关键之一，只有材质设置到位，才能表现出场景的真实性。

1．设置墙体、顶面及地面材质

本场景中的墙面和顶面使用了白色乳胶漆，地面为地毯材质。具体设置步骤如下。

Step 01 为了便于观察场景，可以将场景中创建的灯光、摄影机进行隐藏。进入显示命令面板，在"按类别隐藏"卷展栏中勾选"灯光"及"摄影机"复选框，则场景中此类物体将会被隐藏，如下页顶部左图所示。

Step 02 创建名为"白漆"的VRayMtl材质球，设置漫反射颜色为白色（色调：0；饱和度：0；亮度：250），反射颜色为深灰色（色调：0；饱和度：0；亮度：5），并设置反射参数，如下右图所示。

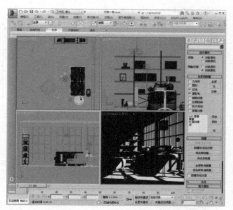 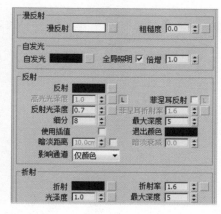

Step 03 创建名为"地毯"的VRayMtl材质球，设置漫反射颜色为褐色（色调：20；饱和度：180；亮度：130），为漫反射通道添加衰减贴图，设置如下左图所示。

Step 04 打开"衰减参数"卷展栏，设置衰减颜色，并为其添加位图贴图，设置衰减类型为"Fresnel"，如下右图所示。

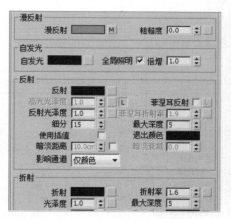 

Step 05 返回到"贴图"卷展栏，为凹凸通道添加位图贴图，如下左图所示。

Step 06 选择场景中的对象，将白漆材质赋予到墙面和顶面，将地毯材质赋予到地面，并为其添加"VRay置换模式"以及UVW贴图，效果如下右图所示。

Step 07 渲染摄影机视口，效果如右图所示。

2. 设置家具材质

本场景中的家具有沙发组合、书架等物品，材质也有很多种，下面来分别创建这些材质，具体操作步骤如下。

Step 01 创建名为"沙发"的VRayMtl材质球，设置反射颜色为深灰色（色调：0；饱和度：0；亮度：15），并设置反射参数，如下左图所示。

Step 02 打开"贴图"卷展栏，为漫反射通道添加衰减贴图，为凹凸通道添加位图贴图，并设置凹凸值，如下右图所示。

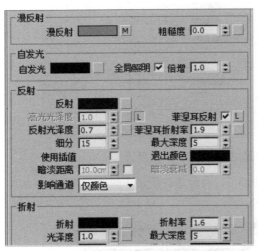

Step 03 打开"衰减参数"卷展栏，设置衰减颜色，如下页顶部左图所示。

Step 04 创建名为"不锈钢"的VRayMtl材质球，设置反射颜色为灰色（色调：0；饱和度：0；亮度：220），并设置反射参数，其余设置保持默认，如下页顶部右图所示。

Step 05 创建名为"茶几面"的VRayMtl材质球，为漫反射通道添加位图贴图，设置反射颜色为灰色（色调：0；饱和度：0；亮度：40），并设置反射参数，如下页中部左图所示。

Step 06 再创建名为"书架"的VRayMtl材质球，为漫反射通道添加位图贴图，设置反射颜色为灰色（色调：0；饱和度：0；亮度：15），并设置反射参数，如下页中部右图所示。

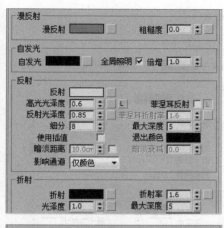

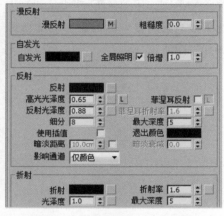

Step 07 选择场景中相应的物体，为其赋予材质，渲染摄影机视口，效果如右图所示。

3. 设置灯具材质

本场景中包含吊灯及落地灯两种灯具，在设置材质时应该首先设置灯具的灯罩材质，这样灯具的灯光效果会更加真实，场景整体光源也会更加完善。下面介绍其操作步骤。

Step 01 创建名为"灯罩"的VRayMtl材质球，设置漫反射颜色为白色，反射颜色为灰色（色调：0；饱和度：0；高光：20)，如下页顶部左图所示。

Step 02 创建名为"黑线"的VRayMtl材质球，设置漫反射颜色为黑色，反射颜色为灰色（色调：0；饱和度：0；高光：50），设置反射参数，如下页顶部右图所示。

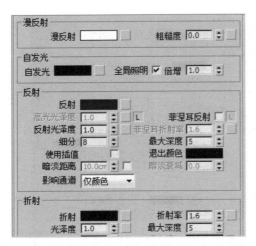 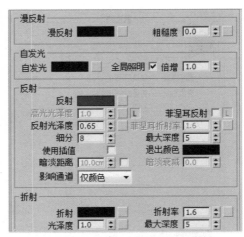

Step 03 将材质赋予到场景中的对象，渲染摄影机视口，效果如右图所示。

4．设置装饰品材质

本场景中有多种装饰品，包括书籍、茶盏、装饰画等，下面介绍其材质创建的操作步骤。

Step 01 创建名为"白瓷"的VRayMtl材质球，设置漫反射颜色为白色，并为反射通道添加衰减贴图，设置反射光泽度，如下左图所示。

Step 02 打开"衰减参数"卷展栏，设置衰减类型为"Fresnel"，如下右图所示。

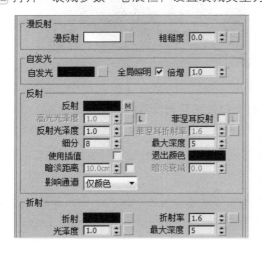 

Step 03 同样创建名为“黑瓷”的VRayMtl材质球，设置漫反射颜色为深蓝色（色调：170；饱和度：180；高光：25），其余设置同“白瓷”，如下左图所示。

Step 04 创建名为“藤盒”的VRayMtl材质球，为漫反射通道及凹凸通道添加位图贴图，并设置凹凸值，其余参数保持默认，如下右图所示。

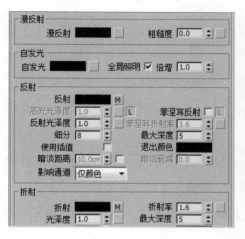

Step 05 创建名为“挂画”的VRayMtl材质球，为漫反射通道添加位图贴图，其余参数保持默认，如下左图所示。

Step 06 同样创建书籍、照片等材质，选择场景中的对象，分别为其赋予材质，渲染摄影机视口，效果如下右图所示。

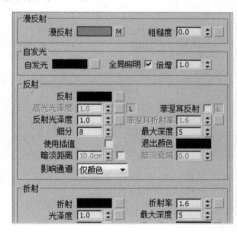

04 设置渲染参数并渲染

下面介绍如何在“渲染设置”对话框中设置渲染正图的参数。通常在测试完成后、不再需要对场景中的对象进行调整时，才可以设置正图的渲染参数，进行正图的渲染。下面介绍其操作步骤。

Step 01 执行“渲染>渲染设置”命令，打开“渲染设置”对话框，在“公用”选项卡中的“公用参数”卷展栏中设置输出大小，如下页顶部左图所示。

Step 02 切换到“V-Ray”选项卡，在“V-Ray::全局开关”卷展栏中选择关闭默认灯光，在“V-Ray::图像采样器”卷展栏中设置图像采样器类型为“自适应细分”，开启抗锯齿过滤器，设置类型为“Mitchell-Netravali”，如下页顶部右图所示。

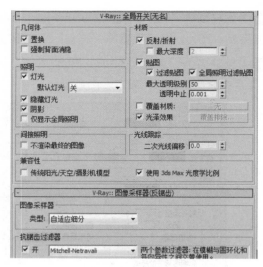

Step 03 打开 "V-Ray::颜色贴图" 卷展栏，设置类型为 "指数"，如下左图所示。

Step 04 切换到 "间接照明" 选项卡，打开 "V-Ray::发光图" 卷展栏，设置当前预置等级为 "中"，半球细分值为50，插值采样值为30，勾选 "显示计算相位" 和 "显示直接光" 复选框，如下右图所示。

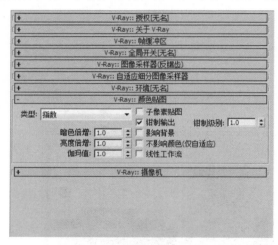

Step 05 打开 "V-Ray::灯光缓存" 卷展栏，设置细分值为600，勾选 "存储直接光" 和 "显示计算相位" 复选框，如下左图所示。

Step 06 设置完成后保存文件，渲染摄影机视口，渲染最终效果如下右图所示。

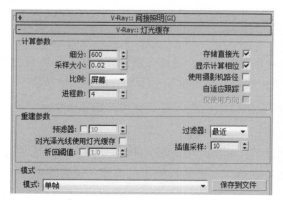

05 效果图的后期处理

下面介绍如何在Photoshop中进行后期处理，使得渲染图片更加精美。其操作步骤如下。

Step 01 打开渲染好的"书房一角.jpg"文件，执行"图像>调整>色相/饱和度"命令，打开"色相/饱和度"对话框，调整整体饱和度，如下左图所示。

Step 02 适当调整颜色饱和效果，效果如下右图所示。

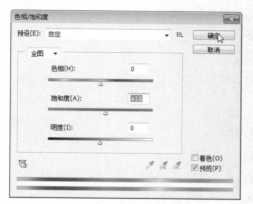

Step 03 执行"图像>调整>亮度/对比度"命令，打开"亮度/对比度"对话框，调整亮度及对比度值，如下左图所示。调整后效果如下右图所示。

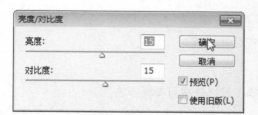

Step 04 执行"图像>调整>曲线"命令，打开"曲线"对话框，调整曲线值，单击"确定"按钮，如下左图所示。最终效果如下右图所示。

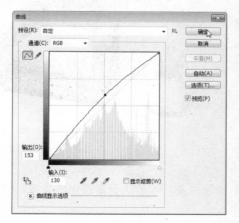

课后练习

1. 选择题

（1）下面说法中正确的是（　　）。

　　A. 不管使用何种规格输出，该宽度和高度的尺寸单位为像素

　　B. 不管使用何种规格输出，该宽度和高度的尺寸单位为毫米

　　C. 尺寸越大，渲染时间越长，图像质量越低

　　D. 尺寸越大，渲染时间越短，图像质量越低

（2）3ds Max 提供了 4 种环境特效，以下不正确的是（　　）。

　　A. 爆炸特效　　　　　　　　B. 喷洒特效

　　C. 燃烧特效　　　　　　　　D. 雾特效

（3）大气装置中需要拾取线框的是（　　）。

　　A. 燃烧和体积光　　　　　　B. 燃烧和体积雾

　　C. 雾和体积雾　　　　　　　D. 体积雾和体积光

（4）在"环境和效果"对话框中若想添加模糊效果，应选择的选项为（　　）。

　　A. 文件输出　　　　　　　　B. 模糊

　　C. 胶片颗粒　　　　　　　　D. 镜头效果

2. 填空题

（1）渲染的种类有_____、渲染上次、_____、浮动渲染。

（2）单独指定要渲染的帧数应使用_____。

（3）在渲染输出之前，要先确定好将要输出的视图。渲染出的结果是建立在_____的基础之上的。

（4）渲染时，不能看到大气效果的是_____视口和顶视口。

3. 上机题

利用本章所学的知识，渲染如下左图所示的场景，最终效果可参考下右图。

操作提示

使用VRay渲染器渲染场景，需要同时使用VRay的灯光和材质，才能达到最理想的效果。

Chapter

08

卧室效果图的制作

本章将综合应用前面所学的知识制作卧室效果图，通过对本章内容的学习，读者可以进一步熟悉摄影机的应用、灯光的应用、材质的应用，以及渲染操作。

重点难点
- 场景光源的创建
- 场景材质的设置
- 测试渲染设置以及出图渲染设置

Section 01 制作流程

本节将介绍如何在3ds Max中打开已经创建完成的卧室场景模型，并在此基础上进行摄影机、光源、材质的创建与渲染。

01 检测模型并创建摄影机

下面讲解如何在3ds Max中打开并检测已经创建完成的卧室场景模型，以及如何创建摄影机并确定理想的观察角度。具体操作步骤如下。

Step 01 执行"文件>打开"命令，打开"卧室（原始文件）.max"，创建完成的场景模型将在3ds Max 2014中打开，如图下左图所示。

Step 02 首先检查模型是否完整。单击工具栏中的渲染按钮进行渲染，效果如下右图所示。通过渲染出的图片来检测模型是否有破面，以便进行修整。

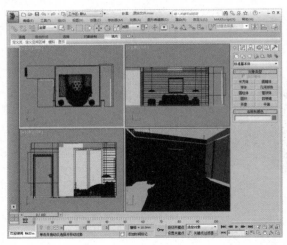

Step 03 在摄影机创建命令面板中单击"目标"按钮，在顶视口中拖动创建一架摄影机，如下左图所示。

Step 04 调整摄影机的角度及高度，并在其修改命令面板中设置摄影机的参数，如下右图所示。

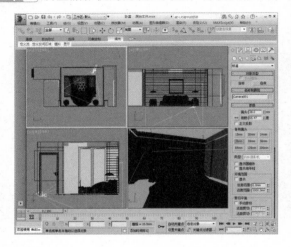
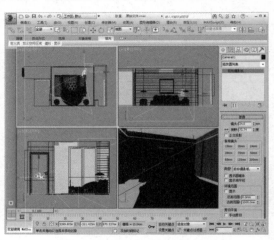

Step 05 选择透视视口，在键盘上按C键即可进入摄影机视口，如下左图所示。

Step 06 单击"渲染"按钮进行渲染，可以看到调整后的视角效果，如下右图所示。

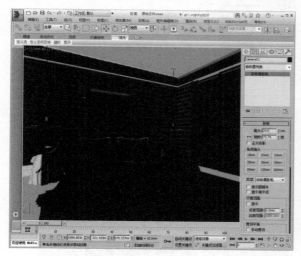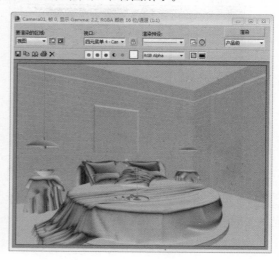

02 创建并设置光源

此场景为日光下的卧室，主要光源为室外光源及室内的辅助灯光。

1. 创建户外光源

下面讲解户外环境光源的设置。此场景中使用一盏光源作为环境光，放置于窗户外侧，这样从窗户处就能射入户外光线。具体操作步骤如下。

Step 01 单击VRay灯光创建命令面板中的"VRay灯光"按钮，在前视口中创建一盏VRay灯光，并将光源移动到窗户外侧，如下左图所示。

Step 02 选择VRay灯光，进入其修改命令面板，设置灯光参数，如下右图所示。

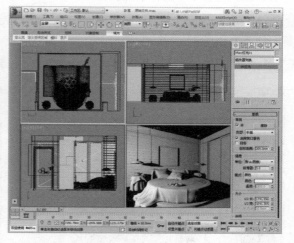

Step 03 单击"渲染"按钮，渲染摄影机视口，可以看到场景中有了来自户外的光线，效果如下页顶部左图所示。

Step 04 调整灯光颜色为浅蓝色，模拟天空光，再对灯光强度稍作调整，如下页顶部右图所示。

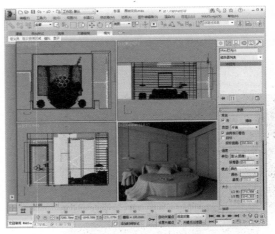

Step 05 再次渲染摄影机视口，可以看到环境光线变成了浅蓝色，效果如右图所示。

2. 创建室内光源

本场景中有吊灯作为主要室内光源，还有床头灯以及卫生间光源作为辅助光源，室内灯光光源对场景的影响比较多。具体设置步骤如下。

Step 01 单击VRay灯光创建命令面板中的"VR灯光"按钮，在顶视口中创建一盏VR灯光，调整灯光位置，如下左图所示。

Step 02 选择VRay灯光，进入其修改命令面板，设置灯光参数，用来模仿室内吊灯光源，如下右图所示。

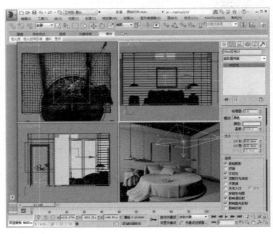

Step 03 渲染摄影机视口，效果如下左图所示。

Step 04 创建一盏VR灯光，调整灯光位置及参数，同样用来模拟吊灯光源，如下右图所示。

Step 05 渲染摄影机视口，可以看到吊灯光源效果，如下左图所示。

Step 06 再次创建两盏VR灯光，并调整灯光参数，放置于更衣间，用来模拟更衣间的辅助光源，如下右图所示。

 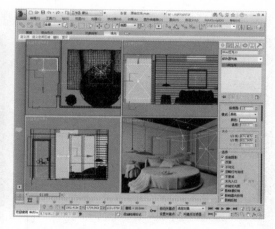

Step 07 渲染摄影机视口，效果如下左图所示。

Step 08 创建一盏VR灯光，调整灯光参数，调整至台灯位置，模拟台灯光源，如下右图所示。

 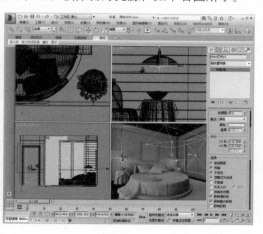

Step 09 渲染摄影机视口，效果如下左图所示。

Step 10 单击光度学灯光创建命令面板中的"目标灯光"按钮，在顶视口中创建一盏目标灯光，调整灯光位置及角度，如下右图所示。

 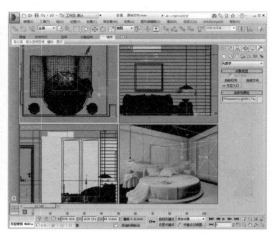

Step 11 进入该灯光的修改命令面板，为目标灯光添加光域网并修改灯光参数，渲染摄影机视口，效果如下左图所示。从渲染效果中可以看到，添加目标灯光后，场景的光线强度并没有太大的变化。

Step 12 复制目标灯光并调整灯光位置及角度，如下右图所示。

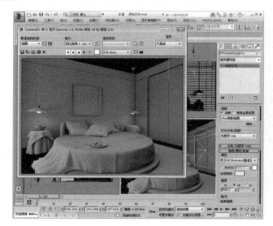 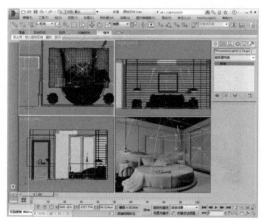

Step 13 渲染摄影机视口，效果如右图所示。

03 设置并赋予材质

下面讲解如何为场景中的所有对象分别设置材质。制作卧室效果图，除了灯光外，还需要运用细腻的材质来表现出温馨柔软的感觉，从而表现出场景的真实性。

1. 设置墙体、顶面及地面材质

本场景中的墙面和顶面使用了白色乳胶漆，地面材质为仿古青石砖。具体设置步骤如下。

Step 01 为了便于观察场景，可以将场景中创建的灯光、摄影机、二维样条线进行隐藏。进入显示命令面板，在"按类别隐藏"卷展栏中勾选"图形"、"灯光"及"摄影机"复选框，则场景中此类物体将会被隐藏，如下左图所示。

Step 02 创建名为"白色乳胶漆"的VRayMtl材质球，设置漫反射颜色为白色（色调：0；饱和度：0；亮度：255），并为漫反射通道添加输出贴图，其余参数保持默认，如下右图所示。

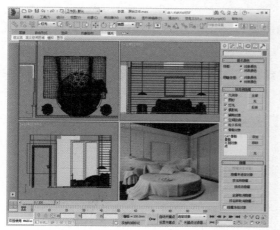
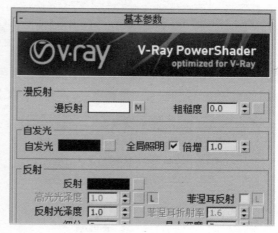

Step 03 选择顶面物体，为其赋予材质，效果如下左图所示。

Step 04 创建名为"墙板"的VRayMtl材质球，设置反射颜色为灰蓝色（色调：150；饱和度：90；亮度：40），并设置反射参数，如下右图所示。

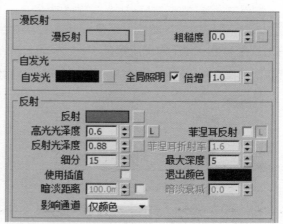

Step 05 打开"贴图"卷展栏，为漫反射通道及凹凸通道分别添加位图贴图，并设置凹凸值，如下页顶部左图所示。

Step 06 创建名为"塑钢"的VRayMtl材质球，设置漫反射颜色为灰白色（色调：0；饱和度：0；亮度：160），反射颜色为灰色（色调：0；饱和度：0；亮度：50），并设置反射参数，如下右图所示。

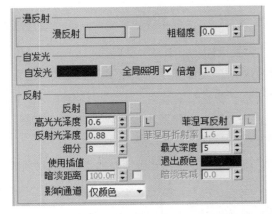

Step 07 创建名为"艺术玻璃"的混合材质球，设置材质1与材质2为VRayMtl材质，为遮罩添加位图贴图，并勾选遮罩"交互式"，如下左图所示。

Step 08 打开材质1设置面板，设置漫反射颜色为浅绿色（色调：130；饱和度：55；亮度：240），反射颜色为灰色（色调：0；饱和度：0；亮度：95），如下右图所示。

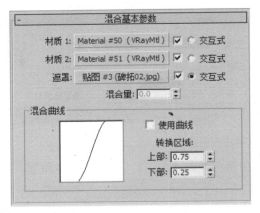
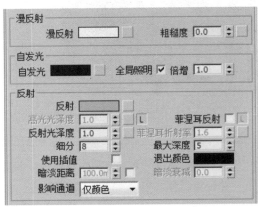

Step 09 打开材质2设置面板，设置反射颜色为灰色（色调：135；饱和度：60；亮度：230），并设置其他反射参数，如下左图所示。

Step 10 选择床头背景墙，为其赋予墙板材质，并添加UVW贴图，设置贴图参数，效果如下右图所示。

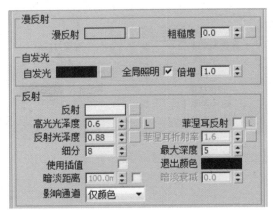

Step 11 选择推拉门，分别为其赋予塑钢及艺术玻璃材质，渲染摄影机视口，效果如下左图所示。

Step 12 创建名为"地板"的VRayMtl材质球，为漫反射通道添加位图贴图，并反射颜色为灰蓝色（色调：150；饱和度：90；亮度：45），并设置反射参数，如下右图所示。

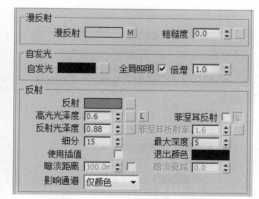

Step 13 创建名为"地毯"的VRayMtl材质球，为漫反射通道与凹凸通道添加位图贴图，并设置凹凸值，如下左图所示。

Step 14 选择地板与地毯，分别为其赋予材质，并添加UVW贴图，设置贴图参数，效果如下右图所示。

2. 设置家具材质

场景中有床、床头柜等，材质也有很多种，下面来分别创建这些材质。具体操作步骤如下。

Step 01 创建名为"布纹1"的VRayMtl材质球，打开"贴图"卷展栏，为漫反射通道添加衰减贴图，为凹凸通道添加位图贴图，并设置凹凸值，如下左图所示。

Step 02 打开"衰减参数"卷展栏，设置衰减颜色，为其添加贴图，如下右图所示。

Step 03 创建名为"布纹2"的VRayMtl材质球，为漫反射通道添加位图贴图，其余参数保持默认，如下左图所示。

Step 04 创建名为"布纹3"的VRayMtl材质球，为漫反射通道添加衰减贴图，打开"衰减参数"卷展栏，添加位图贴图，并设置衰减类型为"Fresnel"，如下右图所示。

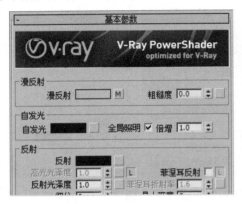

Step 05 同样创建名为"布纹4"的VRayMtl材质球，设置同"布纹3"，为漫反射通道添加位图贴图，如下左图所示。

Step 06 创建名为"床板"的VRayMtl材质球，设置漫反射颜色为深灰色（色调：0；饱和度：0；亮度：10），反射颜色为灰色（色调：0；饱和度：0；亮度：45），设置反射参数，如下右图所示。

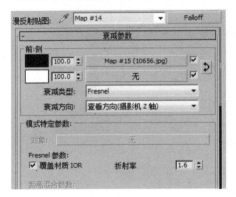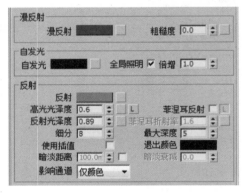

Step 07 创建名为"床头靠背"的VRayMtl材质球，为漫反射通道添加位图贴图，设置反射颜色为灰色（色调：158；饱和度：60；亮度：30），设置反射参数，如下左图所示。

Step 08 选择场景中的物体，分别为其赋予材质，渲染摄影机视口，效果如下右图所示。

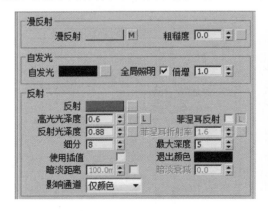

3. 设置装饰品材质

本场景中有多种装饰品，包括花瓶、瓷器、水果、装饰画等，下面介绍材质创建的操作步骤。

Step 01 创建名为"不锈钢"的VRayMtl材质球，设置反射颜色为灰色（色调：0；饱和度：0；亮度：50），并设置反射参数，如下左图所示。

Step 02 创建名为"白瓷"的VRayMtl材质球，设置满反射颜色为白色，反射颜色为灰色（色调：0；饱和度：0；亮度：20），如下右图所示。

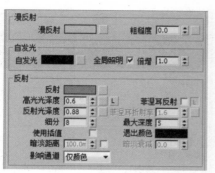 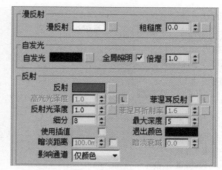

Step 03 同样创建名为"花瓷"的VRayMtl材质球，为漫反射通道添加位图贴图，反射参数同"白瓷"，如下左图所示。

Step 04 创建名为"装饰画框"的VRayMtl材质球，设置漫反射颜色为暗红色（色调：255；饱和度：55；亮度：23），反射颜色为灰色（色调：0；饱和度：0；亮度：60），并设置反射参数，如下右图所示。

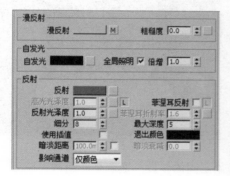 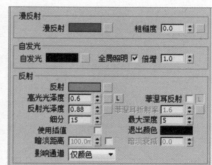

Step 05 创建名为"装饰画"的VRayMtl材质球，为漫反射通道添加位图贴图，其余参数保持默认，如下左图所示。

Step 06 同样创建植物、水果的材质球，并将以上材质指定给物体对象，渲染摄影机视口，效果如下右图所示。

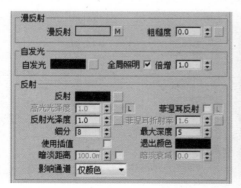 

4．设置灯具材质

本场景视野中的灯具只有床头吊灯。在设置材质时应该首先设置灯具的灯罩材质，这样灯具的灯光效果会更加真实，场景整体光源也会更加完善。下面介绍其操作步骤。

Step 01 创建名为"白色灯具"的VRayMtl材质球，设置漫反射颜色为白色，折射颜色为灰色（色调：0；饱和度：0；高光：20），如下左图所示。

Step 02 创建名为"自发光"的VR灯光材质球，如下右图所示。

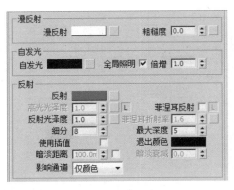
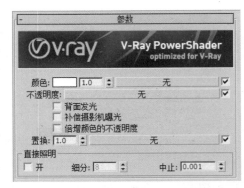

Step 03 选择场景中的灯具，为其赋予相应的材质，渲染摄影机视口，效果如右图所示。

04　设置渲染参数并渲染

本节介绍如何在"渲染"设置对话框中设置渲染正图的参数。通常是在测试完成后、不再需要对场景中的对象进行调整时，才可以设置正图的渲染参数，进行正图的渲染。下面介绍其操作步骤。

Step 01 执行"渲染>渲染设置"命令，打开"渲染设置"对话框，在"公用"选项卡中的"公用参数"卷展栏中设置输出大小，如下左图所示。

Step 02 切换到"V-Ray"选项卡，在"V-Ray::全局开关"卷展栏中设置关闭默认灯光，如下右图所示。

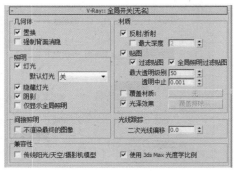

Step 03 打开"V-Ray::图像采样器"卷展栏，设置图像采样器类型为"自适应细分"，开启抗锯齿过滤器，设置类型为"Mitchell-Netravali"，如下左图所示。

Step 04 打开"V-Ray::间接照明"卷展栏，开启全局照明，设置首次反弹照明引擎类型为"发光图"，二次反弹照明引擎类型为"灯光缓存"，如下右图所示。

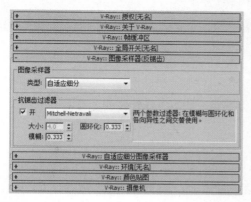
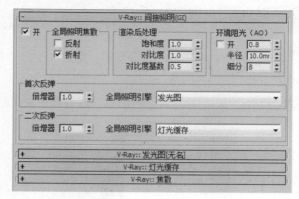

Step 05 打开"V-Ray::发光图"卷展栏，设置当前预置等级为"中"，半球细分值为50，插值采样值为30，勾选"显示计算相位"与"显示直接光"复选框，如下左图所示。

Step 06 打开"V-Ray::灯光缓存"卷展栏，设置细分值为1000，勾选"存储直接光"与"显示计算相位"复选框，如下右图所示。

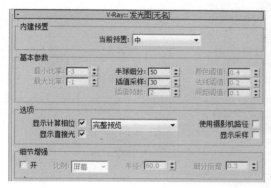
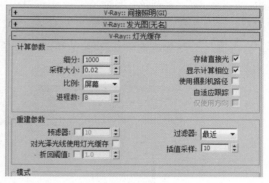

Step 07 设置完成后保存文件，渲染摄影机视口，渲染最终效果如右图所示。

Section 02 后期处理

本节主要介绍如何在Photoshop中进行后期处理，使得渲染图片更加精美、完善，下面介绍其操作步骤。

Step 01 在Photoshop中打开渲染好的"卧室.jpg"文件，执行"图像>调整>亮度/对比度"命令，如下左图所示。

Step 02 打开"亮度/对比度"对话框，适当调整对比度，单击"确定"按钮，如下右图所示。

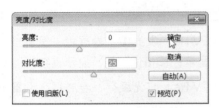

Step 03 执行"图像>调整>曲线"命令，打开"曲线"对话框，调整曲线，单击"确定"按钮，如下左图所示。

Step 04 再执行"图像>调整>色相/饱和度"命令，打开"色相/饱和度"对话框，选择蓝色，调整饱和度，单击"确定"按钮，如下右图所示。

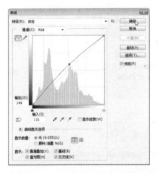

Step 05 在"色相/饱和度"对话框中，选择"黄色"选项，再次调整饱和度，效果如下左图所示。

Step 06 最后完成的效果如下右图所示。

Chapter 09

餐厅效果图的制作

　　本章将综合利用前面所学知识，介绍餐厅效果图的制作。通过对本案例的模仿练习，读者不仅可以对VRay灯光、VRay材质的运用更加熟悉，还可以掌握更多的渲染技巧，从而为渲染更复杂的三维模型奠定基础。

重点难点
- 场景光源的创建
- 场景材质的设置
- 测试渲染设置及出图渲染设置

制作流程

本节将介绍如何在3ds Max中打开已经创建完成的餐厅场景模型，并在此基础上进行摄影机、光源、材质的创建与渲染。

01 检测模型并创建摄影机

下面讲解如何在3ds Max中打开并检测已经创建完成的餐厅场景模型，以及如何创建摄影机并确定理想的观察角度。具体操作步骤如下。

Step 01 执行"文件>打开"命令，打开"餐厅（原始文件）.max"，创建完成的场景模型将在3ds Max 2014中打开，如下左图所示。

Step 02 首先检查模型是否完整。单击工具栏中的"渲染"按钮进行渲染，效果如下右图所示。通过渲染出的图片来检测模型是否有破面，以便进行修整。

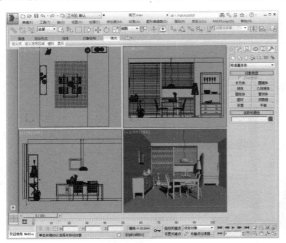

Step 03 在摄影机创建命令面板中单击"目标"按钮，在顶视口中拖动创建一架摄影机，如下左图所示。

Step 04 调整摄影机的角度及高度，并在其修改命令面板中设置摄影机的参数，如下右图所示。

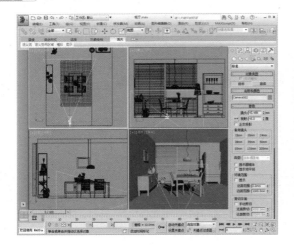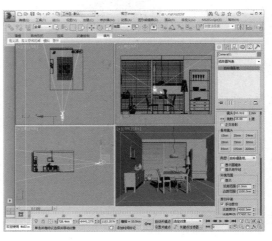

Step 05 选择透视视口，在键盘上按C键即可进入摄影机视口，如下左图所示。

Step 06 单击"渲染"按钮进行渲染，可以看到调整后的视角效果，如下右图所示。

02 创建并设置光源

此场景为白天具有太阳光的情景。场景中的光源不少，可分为户外光源和室内光源。户外光源包括环境光源和太阳光源，室内光源包括落地灯和吊灯。

1. 创建户外环境光源

下面讲解户外环境光源的设置，此场景中使用一盏光源作为环境光，放置于窗户外侧，这样从窗户处就能射入户外光线。具体操作步骤如下。

Step 01 设置场景光源前，打开"材质编辑器"窗口，激活一个空白材质球，命名为"素模"，设置漫反射颜色为灰色（色调：0；饱和度：0；亮度：150），将材质赋予到场景中全部物体对象。单击VRay灯光创建命令面板中的"VRay灯光"按钮，在前视口中创建一盏VRay灯光，并将光源移动到窗户外侧，如下左图所示。

Step 02 选择VRay灯光，进入修改命令面板，设置灯光强度及大小，如下右图所示。

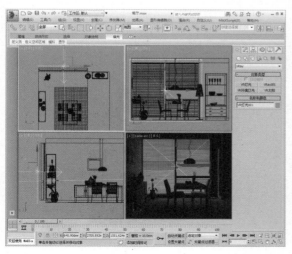 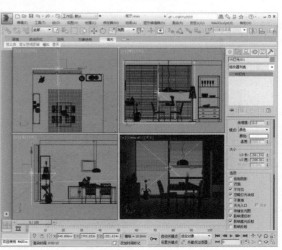

Step 03 单击"渲染"按钮，渲染摄影机视口，可以看到场景中有了来自户外的光线，但是光线强度偏低，效果如下左图所示。

Step 04 调整灯光颜色为浅蓝色，再增加灯光强度，如下右图所示。

 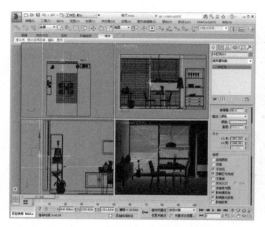

Step 05 再次渲染摄影机视口，可以看到环境光线变成了浅蓝色，效果如右图所示。

2．创建太阳光源和天空光

在日光场景中太阳光和天空光是场景的主导光源，对场景的影响较大。下面介绍如何创建并调整太阳光源和天空光。具体操作步骤如下。

Step 01 创建太阳光源。单击VRay灯光创建命令面板中的"VR太阳"按钮，在左视口中创建一盏太阳光源，在创建太阳光源的同时暂时不添加VRay天光。调整太阳光位置及角度，如下左图所示。

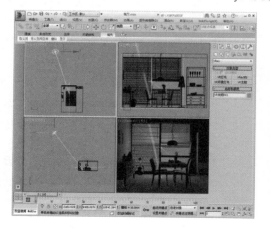 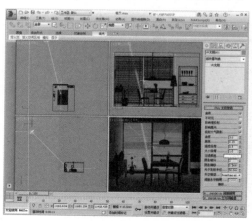

Step 02 选择太阳光，进入修改命令面板，调整太阳光的各项参数，如上页底部右图所示。

Step 03 渲染摄影机视口，此时的光线略强，如下左图所示。

Step 04 再次调整太阳光参数，并进行渲染，效果如下右图所示。

Step 05 创建天空光源。打开"环境和效果"对话框，勾选"使用贴图"复选框，为环境背景添加"VR天空"贴图，效果如下左图所示。

Step 06 将该贴图实例复制到"材质编辑器"窗口中的空白材质球上，并进行参数的设置，如下右图所示。

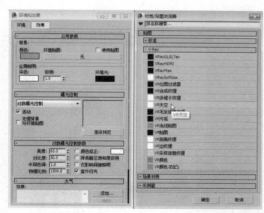 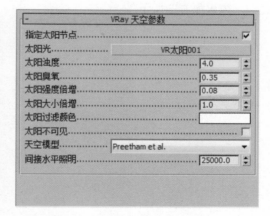

Step 07 渲染摄影机视口，可以看到添加VR天空贴图后户外光线再次增强，效果如右图所示。

3．创建室内吊灯光源

室内吊灯光源为室内的主要照明，具体设置步骤如下。

`Step 01` 单击VRay灯光创建命令面板中的"VRay灯光"按钮，设置灯光类型为"球体"，在顶视口中创建一盏VRay灯光，调整位置，如下左图所示。

`Step 02` 选择灯光，进入修改命令面板，设置灯光强度及半径参数，如下右图所示。

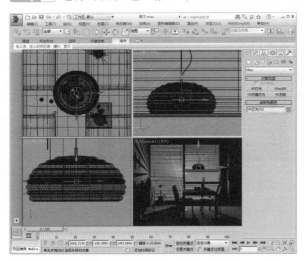 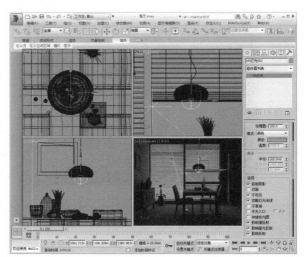

`Step 03` 渲染摄影机视口，可以看到吊灯产生的黄色光线，效果如右图所示。

4．创建室内落地灯光源

场景中的落地灯光源为辅助光源，比较靠近窗户，在室外光源的影响下照明作用不是很强。具体设置步骤如下。

`Step 01` 单击光度学灯光创建命令面板中的"目标灯光"按钮，在前视口中创建一盏目标灯光，调整灯光位置，如下页顶部左图所示。

`Step 02` 选择灯光，进入修改命令面板，设置灯光分布类型为"光度学Web"，设置灯光阴影、颜色、强度等参数，如下页顶部右图所示。

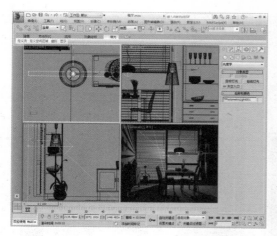

Step 03 渲染摄影机视口，可以看到由落地灯产生的照明并不明显，如右图所示。

5. 创建室内辅助光源

由于场景中的照明光源很少，场景效果稍显偏暗，这里我们添加一盏辅助的VR灯光来提亮场景效果。具体操作步骤如下。

Step 01 单击VRay灯光创建命令面板中的"VRay灯光"按钮，在顶视口中创建一盏VRay灯光，并将光源移动到合适位置，如下左图所示。

Step 02 选择灯光，进入修改命令面板，设置灯光颜色、强度等参数，如下右图所示。

Step 03 渲染摄影机视口，可以看到室内环境因辅助灯光变得稍微明亮且偏黄，效果如下左图所示。

Step 04 再次对灯光参数进行调整，渲染摄影机视口，效果如下右图所示，可以看到场景已经比较明亮。

03　设置并赋予材质

　　下面讲解如何为场景中的所有对象分别设置材质。材质的设置是制作效果图的关键之一，只有材质设置到位，才能表现出场景的真实性。

1. 设置墙体、顶面及地面材质

　　本场景中的墙面和顶面使用了白色乳胶漆，地面材质为仿古青石砖。具体设置步骤如下。

Step 01 为了便于观察场景，可以将场景中创建的灯光、摄影机、二维样条线进行隐藏。进入显示命令面板，在"按类别隐藏"卷展栏中勾选"图形"、"灯光"及"摄影机"复选框，则场景中此类物体将会被隐藏，如下左图所示。

Step 02 创建名为"白色乳胶漆"的VRayMtl材质球，设置漫反射颜色为白色（色调：0；饱和度：0；亮度：250），反射颜色为灰色（色调：0；饱和度：0；亮度：25），并设置反射光泽度，如下右图所示。

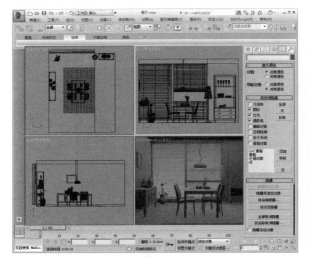 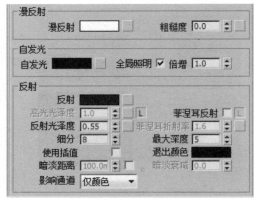

Step 03 选择场景中的顶面和墙面，将材质指定给选择对象，如下左图所示。

Step 04 渲染摄影机视口，效果如下右图所示。

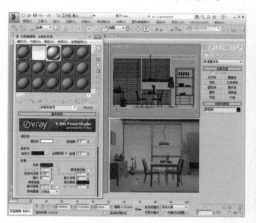 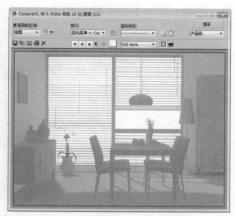

Step 05 创建名为"地砖"的VRayMtl材质球，设置反射颜色为灰色（色调：0；饱和度：0；亮度：60），并设置反射光泽度，如下左图所示。

Step 06 打开"贴图"卷展栏，为漫反射通道和凹凸通道分别添加位图贴图，设置凹凸值为50，如下右图所示。

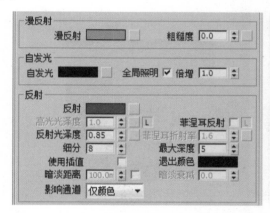 

Step 07 选择场景中的地面，将材质指定给选择对象，在"材质编辑器"窗口中单击"视口中显示明暗处理材质"按钮，则场景中的地面会显示出材质效果，如下左图所示。

Step 08 打开修改器列表，为其添加UW贴图，并设置相关参数，如下右图所示。

Step 09 渲染摄影机视口，效果如下左图所示。

Step 10 创建名为"地毯"的VRayMtl材质球，打开"贴图"卷展栏，为漫反射通道添加衰减贴图，实例复制到凹凸贴图，并设置凹凸值，如下右图所示。

Step 11 打开"漫反射贴图"面板，在"衰减参数"卷展栏中为其添加位图贴图，设置衰减类型为"Fresnel"，如下左图所示。

Step 12 选中地毯，在VRay创建命令面板中单击"VR皮毛"按钮，如下右图所示。

Step 13 在场景中即可看到为地毯添加了VR皮毛的效果，设置参数，如下左图所示。

Step 14 选择场景中的地毯，将地毯材质指定给选择对象，渲染摄影机视口，即可看到添加贴图的地毯效果，如下右图所示。

2. 设置家具材质

场景中的家具包括餐桌椅、高柜和矮柜，材质有木质、不锈钢、磨砂玻璃以及沙发布几种，下面来介绍如何创建这几种材质。具体操作步骤如下。

Step 01 创建名为"木纹"的VRayMtl材质球，设置反射颜色为灰色（色调：0；饱和度：0；亮度：20），设置反射光泽度，如下左图所示。

Step 02 打开"贴图"卷展栏，为漫反射通道及凹凸通道添加位图贴图，如下右图所示。

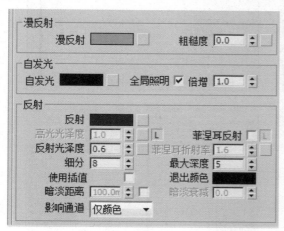

Step 03 选择场景中的家具，将木纹材质指定给选择对象，渲染摄影机视口，即可看到添加贴图的家具效果，如下左图所示。

Step 04 创建名为"不锈钢"的VRayMtl材质球，设置漫反射颜色为白色，反射颜色为灰白色（色调：0；饱和度：0；亮度：20），设置反射光泽度，如下右图所示。

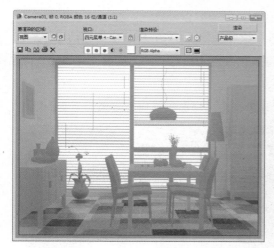
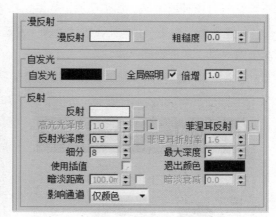

Step 05 选择场景中的物体，将不锈钢材质指定给选择对象，渲染摄影机视口，效果如下页顶部左图所示。

Step 06 创建名为"沙发布"的VRayMtl材质球，为漫反射通道添加衰减贴图，设置衰减类型为"Fresnel"，并设置衰减颜色，如下页顶部右图所示。

Step 07 选择场景中的物体，将沙发布材质指定给
选择对象，渲染摄影机视口，效果如右图所示。

3．设置装饰品材质

本场景中有多种装饰品，包括花瓶、瓷器、水果、装饰画等，下面介绍材质创建的操作步骤。

Step 01 创建名为"白瓷"的VRayMtl材质球，设置漫反射颜色为白色，并为反射通道添加衰减贴图，
设置反射光泽度，如下左图所示。

Step 02 选择场景中的物体，将白瓷材质指定给选择对象，渲染摄影机视口，效果如下右图所示。

Step 03 同样创建其他颜色的瓷器材质，并指定给对象，渲染摄影机视口，如下左图所示。

Step 04 创建名为"装饰画"的VRayMtl材质球，为漫反射通道添加位图贴图，其余参数保持默认，如下右图所示。

 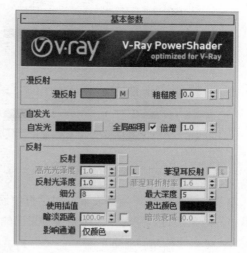

Step 05 选择场景中的物体，将装饰画材质指定给选择对象，渲染摄影机视口，效果如下左图所示。

Step 06 同样创建植物、水果的材质球，并将材质指定给物体对象，渲染摄影机视口，效果如下右图所示。

4．设置灯具材质

本场景中包含吊灯及落地灯两种灯具，在设置材质时，应该首先设置灯具的灯罩材质，这样灯具的灯光效果会更加真实，场景整体光源也会更加完善。下面介绍其操作步骤。

Step 01 创建名为"灯罩"的VRayMtl材质球，设置漫反射颜色为白色（色调：0；饱和度：0；高光：240），折射颜色为灰色（色调：0；饱和度：0；高光：45），再勾选"影响阴影"复选框，如下页顶部左图所示。

Step 02 选择场景中的物体，将灯罩材质指定给选择对象，渲染摄影机视口，效果如下页顶部右图所示。

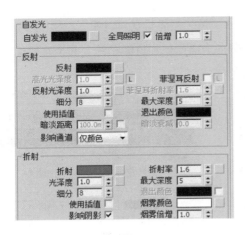

04 设置渲染参数并渲染

本节介绍如何在"渲染设置"对话框中设置渲染正图的参数。通常是在测试完成后、不再需要对场景中的对象进行调整时，才可以设置正图的渲染参数，进行正图的渲染。下面介绍其操作步骤。

Step 01 执行"渲染>渲染设置"命令，打开"渲染设置"对话框，在"公用"选项卡中的"公用参数"卷展栏中设置输出大小，如下左图所示。

Step 02 切换到"V-Ray"选项卡，在"V-Ray::帧缓冲区"卷展栏中勾选"从MAX中获取分辨率"复选框，这样渲染时将使用VRay自带的渲染帧，如下右图所示。

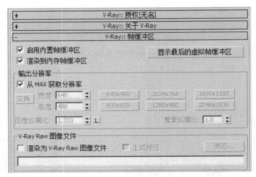

Step 03 打开"V-Ray::图像采样器"卷展栏，设置图像采样器类型为"自适应细分"，开启抗锯齿过滤器，设置类型为"Mitchell-Netravali"，如下左图所示。

Step 04 切换到"间接照明"选项卡，打开"V-Ray::发光图"卷展栏，设置当前预置等级为"中"，半球细分值为50，插值采样值为30，如下右图所示。

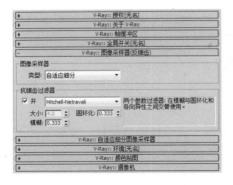
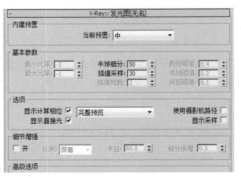

Step 05 打开"V-Ray::灯光缓存"卷展栏，设置细分值为1000，如下左图所示。

Step 06 设置完成后保存文件，渲染摄影机视口，渲染最终效果如下右图所示。

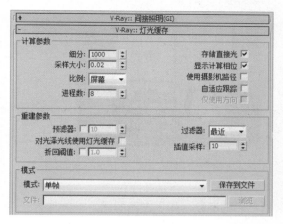

Section 02 后期处理

本节主要介绍如何在Photoshop中进行后期处理，使得渲染图片更加精美、完善，下面介绍其操作步骤。

Step 01 在Photoshop中打开渲染好的"餐厅.jpg"文件，单击图层面板下方的 ■ 按钮，在弹出的菜单中选择"色阶"命令，创建"色阶"图层，按照如下左图所示进行色阶参数的调整。

Step 02 单击 ■ 按钮，创建"曲线"图层，按照如下右图所示创建点并调整画面亮度。

Step 03 单击 ■ 按钮，创建"色彩平衡"图层，在开启的"色彩平衡"对话框中分别对"中间调"与"高光"进行参数设置，如下页顶部左图所示。

Step 04 单击 ■ 按钮，创建"亮度/对比度"图层，拖动滑块调整亮度及对比度，调整画面亮度和对比度，如下页顶部右图所示。

Step 05 单击 ⊘ 按钮，创建"色相/饱和度"图层，设置色彩的参数，如下左图所示。

Step 06 单击 ⊘ 按钮，创建"照片滤镜"图层，为画面添加蓝色滤镜，如下右图所示。

Step 07 执行"图层＞拼合图像"命令，将所有的图层拼合，接着执行"滤镜＞锐化＞USM锐化"命令，在开启的"USM锐化"对话框中设置数量值，如下左图所示。

Step 08 单击"确定"按钮即可完成效果图的后期处理，最终效果如下右图所示。